成功 vs. 失败
完美面包
制作书

黄东庆　徐志

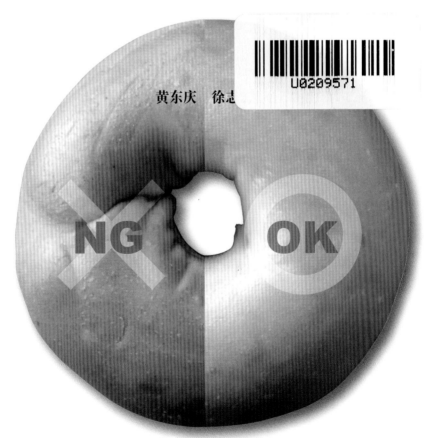

NG　OK

配料、发酵、分割、滚圆、成形到烘烤，学会关键步骤，找出问题，解决疑惑！

辽宁科学技术出版社
·沈阳·

作者序

黄东庆

中国台湾首屈一指的烘焙大师，曾获新加坡 FHA 国际烘焙大赛金牌、永纽杯国际点心烘焙竞赛金牌……现为皇后烘焙厨艺学院负责人，各大专院校烘焙讲师、各大烘焙坊技术顾问、各大烘焙竞赛评审长，在台湾地区培养出众多顶尖烘焙技术人才，也为各大国际竞赛冠军得奖者进行指导……擅长在精确的制作过程中注入独特的创意，演绎出烘焙面包完美的灵魂。

经历

2016 年马偕医护管理专科学校——校外实习生竞赛　竞赛评审
2016 年淡江大学 EMBA 硕士专班——创意 & 创新管理 专题讲师
2016 年德明财经科技大学——奢侈品牌与超跑精品之解析 专题讲师
2015 年淡江大学 EMBA 硕士专班——领导与团队解析 专题讲师
2015 年淡江大学商管学院管理科学系——谋略、策略、战略 专题讲师
2015 年淡江大学商管学院管理科学系——业业、创业、服务业 专题讲师
2014 年台北海洋技术学院——2013WCM 世界巧克力大师竞赛解析专题讲师
2014 年政治大学 EMBA 顶尖讲堂 授课讲师
2014 年世界顶级巧克力品牌介绍 & 世界巧克力大师 竞赛解析
2013 年万能科技大学——天然老面种培育与运用 烘焙讲师
2013 年世界杯巧克力大师竞赛亚太地区选拔赛 台湾代表队
2013 年台北海洋技术学院——展店经营全方面销售讲座 专题讲师
2012 年万能科技大学——分子烘焙甜点蛋糕课程 烘焙讲师
2012 年新加坡 FHA 国际烘焙大赛 皇后领队 1 金牌 1 银牌
2012 年台北海洋技术学院——究极巧克力工艺奥义讲座 专题讲师
2011 年法国巴黎世界杯巧克力大师赛 亚洲代表队
2011 年世界杯巧克力大师竞赛亚太地区选拔赛 台湾代表队
2011 年新北市八里乡十三行博物馆烘焙教学 皇后烘焙讲师
2011 年崇仁医护管理专科学校 40 周年创意烘焙竞赛 赛前讲师
2011 年崇仁医护管理专科学校 40 周年创意烘焙竞赛 竞赛评审长
2011 年第十届 GATEAUX 杯蛋糕技艺竞赛 皇后领队 蛋糕卷组亚军
2011 年第十届 GATEAUX 杯蛋糕技艺竞赛 皇后领队 巧克力工艺亚军
2010 年新加坡 FHA 国际烘焙大赛 皇后领队 1 银牌 1 铜牌
2010 年第九届 GATEAUX 杯蛋糕技艺竞赛 皇后领队 慕斯组亚军
2010 年崇仁医护管理专科学校——烘焙产学合作教学课程 教学讲师
2009 年全国高中职健康烘焙创意竞赛 竞赛评审
2009 年台北海洋技术学院——烘焙美学专题讲座 专题讲师
2009 年庄敬高级职业学校——烘焙美学专题讲座 专题讲师
2009 年稻江高级护家职校——烘焙美学专题讲座 专题讲师
2009 年马偕医护管理专科学校——烘焙技术示范研习会 研习讲师
2009 年第八届 GATEAUX 杯蛋糕技艺竞赛 皇后领队 慕斯组亚军
2008 年永纽杯国际点心烘焙竞赛 皇后领队 金牌 & 银牌
2008 年新加坡 FHA 国际烘焙大赛 皇后领队 1 银牌 5 铜牌
2007 年新光三越集团烘焙推广班 推广领队
2007 年大成商工 & 皇后烘焙技术交流 皇后领队
2006 年新移民文化节中秋大月饼 制作领队
2006 年台湾大学 & 皇后烘焙技术交流 皇后领队
2005 年台北市立福安国民中学 烘焙班老师

现任

皇后烘焙有限公司 负责人
皇后烘焙厨艺学院 负责人
台北海洋技术学院 餐管系讲师
鱼缸手烘咖啡馆 烘焙技术顾问
天母帕奇诺咖啡馆 烘焙技术顾问
幸福亲轻食咖啡馆 烘焙技术顾问
崇仁医护管理专校 荣誉烘焙技术顾问
维纳斯法式甜点手工坊 烘焙技术顾问

学历

淡江研究所 管理科学经营所 博士班
淡江研究所 EMBA 管理科学所 硕士
HACCP 食品危害分析证书
食品检验分析技术师证明书
大同大学推广教育 咖啡大师国际资格证班结业
新西兰基督城
Wilkinson's English School
Aspect Eduction Center
Avonmore Teriary Academy – Hospitality Food Safety
英国 City&Guilds 国际咖啡资格证
美国 Silicon Stone Education Inc.
Barista 饮料国际资格证
Bartender 吧台国际资格证
Tea & Specialist 茶艺国际资格证
Certified lounge – Bar drofessional 吧台专业师国际资格证
日本东京制果学校 短期研习班结业
法国蓝带厨艺学校日本代官山分校 短期班结业

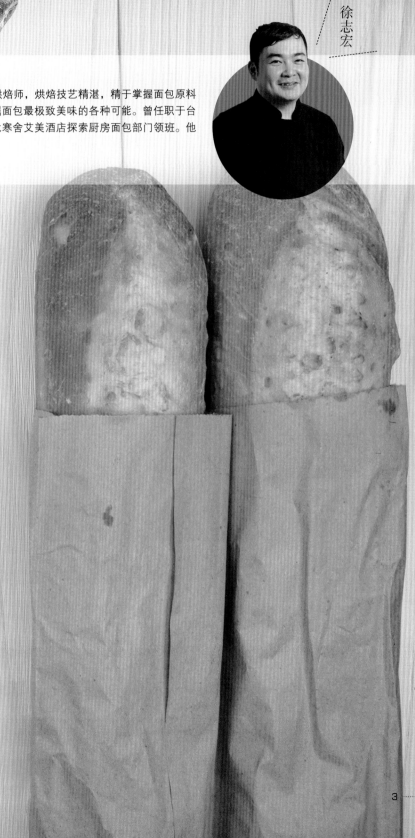

徐志宏

中国台湾专业精品面包烘焙师，烘焙技艺精湛，精于掌握面包原料调配及精细的手工技巧，发掘面包最极致美味的各种可能。曾任职于台北君悦饭店面包坊，现为台北寒舍艾美酒店探索厨房面包部门领班。他是台湾烘焙界闪亮新星。

经历　台北君悦饭店　面包技师
　　　新竹国宾饭店　面包技师

现任　台北寒舍艾美酒店　领班

目录

Chapter 4 — 这样做不会错！完美面包制作配方

▶ 常见的问题与解答 Q&A

Q1 为什么烤不出表皮呈金黄色的吐司？

Q2 为什么吐司皮上层塌陷？

Q3 为什么吐司烤好后内部有气孔？

Q4 为什么烤出来的吐司皮又硬又厚？

Q5 为什么烤出来的吐司坚果掉了一堆？

▶ 常见的问题与解答 Q&A

Q1 为什么烤出来的菠萝皮没有裂纹？

Q2 为什么奶酥馅太软？

Q3 为什么菠萝包吃起来不够松软？

Q4 为什么加入可可粉后拌不均匀？

▶ 常见的问题与解答 Q&A

Q1 为什么烤出来的贝果表面都皱皱的?

Q2 烤出来的贝果为什么硬得像石头?

Q3 贝果为什么吃起来没嚼劲?

Q4 烤完后的贝果为什么衔接处会散开?

▶ 常见的问题与解答 Q&A

Q1 为什么做出来的法式面包是松软的不是酥脆的?

Q2 如果家里的烤箱没有蒸汽功能怎么办?

Q3 为什么烘烤后法棍的切面气孔很少?

Q4 为什么烤出来的法棍切面气孔很大?

▶ 常见的问题与解答 Q&A

Q1 为什么布里欧面团无法成团?

Q2 为什么布里欧很难成形?

Q3 为什么烤好的布里欧容易塌腰?

Q4 为什么有时烤起来焦脆,有时却柔软?

▶ 常见的问题与解答 Q&A

Q1 为什么潘娜多妮没发酵成功?

Q2 为什么潘娜多妮烘烤时不易上色?

Q3 为什么潘娜多妮面团无法成团?

Q4 为什么圣诞面包需加大酒渍果干的量?

▶ 常见的问题与解答 Q&A

Q1 为什么佛卡夏烤不上颜色?

Q2 为什么佛卡夏面团无法发酵变大?

Q3 为什么烤出来的拖鞋面包口感不佳?

必备材料

列出每一款面包必备的材料与分量。

原味贝果
Bagel

分搓内放
细情表示四温的口感

发酵箱温/湿度	28℃/75%	中间发酵	30分钟
搅拌后温度	26℃	最后发酵	无须翻面
基本发酵	60分钟	烘焙温度	上火190℃
翻面	无须翻面		下火190℃
分割重量	60g	烘焙时间	15～20分钟

开始

1 将材料放入钢盆充分搅拌后，进行第一次发酵。

4 将步骤3切出的面团称重，进行滚圆。

2 将步骤1面团切割、滚圆，进入第二次发酵。

5 将称好的面团搓揉成团，压平。

3 依据制作每一个贝果所需要的面团重量，将步骤2面团切出适当分量，每个约60g。

6 用四指压住面团上方，将面团由上而下往内卷起。

90

91

Chapter 4
达到松口感诀
完美面包制作配方：

• 面包图片

展现出制作成功的面包图片。

• 详细步骤图

面包详细步骤图片与说明，只要照着步骤做，保证零失败！

• 参考数据

发酵箱温/湿度	28℃/75%
搅拌后温度	26℃
基本发酵时间	60分钟
翻面	无须翻面
分割重量	225g/团
中间发酵时间	30分钟
最后发酵	模型高度的7分高
烘焙温度	上火210℃
	下火230℃
烘焙时间	35～40分钟

面团发酵时的温度和湿度。

面团搅拌后的温度。

面团第一次发酵的时间。

第一次发酵后的大面团翻面。

第一次发酵后，每一团面团分割出的重量。

面团分割、滚圆后，进行的中间发酵时间。

面团成形后，进入烤箱烘烤前的最后发酵状态。

烤箱上、下火的温度。

烤箱设定的烘烤时间。

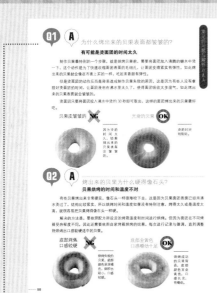

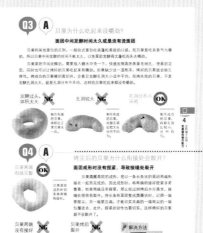

• **NG&OK 对照图**

面包制作 NG 与 OK 图片对照，一看就知道的失败和成功范例。

• **制作面包不失败 Q&A**

本书指出了面包制作过程中最容易出现的问题与最经常犯的错误。

• **解决方法**

针对最容易出现的问题，提出解决方法。

• **基本材料名称**

制作面包必备的基本材料名称。

油脂

• **材料 Q&A 解说**

想要做出好吃的面包，材料的选择与使用是关键，针对初学者经常问的材料问题，做详细解说。

• **材料种类**

每一种材料的种类介绍，不同种类面包，所使用的材料也有所不同。

Chapter 1

制作面包的
基本材料与工具

想要做出好吃的手感面包，使用的材料很重要，不同的材料所做出来的面包，无论是香气还是口感，都有很大的差异。其次，制作面包所使用的工具也很重要，好的工具能提高制作面包的成功率、使成品更美味，达到事半功倍的效果。

面粉

面粉是面包的基础材料，其品质决定面包的口感和香气，也影响制作过程的细节，因此选择面粉一定要非常慎重，才能做出美味的面包。

面粉种类很多，可依面包种类挑选

面粉主要是由淀粉、蛋白质所组成。其中蛋白质所含的麸胺酸和水结合在一起之后，就会产生黏性和弹性，进而产生所谓的筋度。面粉可依照不同筋度分为：特高筋面粉、高筋面粉、中筋面粉与低筋面粉。

制作面包最常使用的是高筋面粉，但也会依照制作面包的配方而有不同的选择。

高筋面粉

蛋白质含量为 11.5% ~ 13.5%，同样属于筋度大、黏性强的面粉，还常用来制作面包，用来制作派皮、松饼、面条。

特高筋面粉

蛋白质含量为 13.5%，所以筋度和黏度都很高，常用来做意大利面和油条。

中筋面粉

蛋白质含量为 9.5% ~ 11.5%，筋度和黏度属于中等程度，可用来制作面点的种类最多，例如馒头、包子、烧饼等中式面食的制作就会使用中筋面粉，而有些蛋糕也会使用中筋面粉来制作。

低筋面粉

蛋白质含量为 6.5% ~ 9.5%，是筋度和黏性最低的面粉，制作蛋糕和饼干最常使用的就是低筋面粉，其他结构属于比较松软的糕点也都会使用低筋面粉来制作。市面上销售的"薄力粉"就是低筋面粉。

常见的问题与解答 Q&A

什么是自发粉？

自发粉是调和过的面粉，是将面粉和发粉混合在一起出售的面粉，因此使用这种自发粉便不需要再加入发粉，即可让面包膨胀。

没有标示的情况下，我怎么分辨高筋面粉与低筋面粉呢？

可以抓一小把面粉在手上用力握紧。高筋面粉比较粗糙涩手，容易松散无法结成团；而低筋面粉比较细致，结成团后比较不容易散开。此外，面粉颜色偏白的是低筋面粉；偏米黄色的是高筋面粉。加水按压比较黏的是高筋面粉；比较不黏的是低筋面粉。也可以用少许同量面粉加同量的水调成小面团，将小面团拉成两半，易拉开的是低筋面粉；反之则是高筋面粉。

根据面粉产地区分

使用不同产地的面粉所制作出来的面包风味和口感大不相同，且其制作过程中所需要添加的水、乳制品以及发酵时间也都不一样。这是因为不同产地的面粉所含的蛋白质、灰分，还有磨制过程不同。

虽然各种面粉都可以用来制作面包，但通常会依照面包种类、软硬度、蓬松度等的需求，选择不同产地的面粉，达到最佳烘焙成果。

中国台湾面粉

中国台湾面粉在各大超市有售，特性是筋性比较低，制作出来的面包结构不紧实，吸水性不够好，所以操作起来不容易，但这也因不同品牌和等级而有所不同。

日本面粉

制作面包的日本面粉称为强力粉，因其筋性较高，等同于我们所称的高筋面粉。日本面粉是许多烘焙者爱用的材料，因为它颗粒细致、吸水性强，而且烘烤出来的面包比较香甜好吃。

法国面粉

法国面粉不是以面粉的筋性来区分，而是以面粉所含的矿物质比例来区分。用法国面粉制作出来的面包，具有非常浓郁的麦香，口感和味道非常丰富，广受烘焙爱好者的喜爱。

法国面包专用粉

好吃的法国面包必须外酥内软，这除了需要特殊的烘焙方式，还要使用特定面粉，效果会更好，因此法国面包专用粉便应运而生。这种面粉不是以面粉的筋性来区分，而是直接以面粉的功能性来区分。

酵母

Yeast

自制的天然酵母，还能依照使用的材料不同，为面包注入多层次风味。若使用酵母是面包的灵魂，它能使硬实的面团充满空气，而变得松软，成为面包面团。

酵母是面包的灵魂

　　酵母的品质、发酵时间，以及温度、湿度，都会影响面包的口感。酵母能将面团里的淀粉、糖分分解，产生二氧化碳，让面团膨胀起来，使坚硬的面团变得松软。

　　酵母在适当的温度和湿度下开始发生反应，温度太高会使酵母死掉，温度太低则无法发挥酵母的活性，一般来说，酵母活跃度最佳的温度是 25 ~ 35℃，使酵母活跃最好的相对湿度是 75% ~ 80%，水分太少发酵起来的面包会比较硬，如果水分太多则发酵起来的面包会太软。

　　烘焙中常用的酵母有即溶酵母和天然酵母。

🍞 即溶酵母

使用时直接与干性原料混合，加水搅拌即可。

🍞 天然酵母

酵母也可以自行制作，利用具有糖分的天然水果发酵而成，放入面团中制作成面包会产生独特的水果香气。
新鲜酵母所需用量要比即溶酵母多一点，不使用的时候要低温保存。

🍞 速发酵母

超市里常出售的速发酵母，最大的优点就是发酵时间短，而且可以直接和面粉混合，使用起来较方便，但缺点是发酵起来的面包形状没有那么漂亮。

使面包在高温烘焙时仍保持水分

在烘焙材料当中，油脂和糖可以说是最重要材料。糖不仅可以提升面包的味道，还可以影响面包制作过程中的发酵变化，适当地添加糖能帮助面团发酵得更好。除此之外，糖的使用也能使面包变得柔软、细致而有光泽。

糖具有保湿的作用，可以使面包在高温烘焙时不流失水分。

制作面包时通常会使用白砂糖，但有些特殊面包的配方会使用不同种类的糖，以增添面包的风味。

🍞 白砂糖

白砂糖是制作面包最常使用的糖，含蔗糖 95% 以上，含水量低，结晶颗粒大，没有特殊的味道，所以适合添加到所有面包中。

🍞 枫糖

部分面包会使用枫糖，它是由枫树树干中的汁液制成的糖浆，具有特殊香气。

糖

Sugar

糖是面团良好的保湿剂，可避免面包在制作过程中因为水分蒸发，而变硬、变干。另外，所添加糖的分量多少也会影响酵母发酵的变化，决定了面包成品的光泽度和细致度。

常见的问题与解答 Q&A

Q1 A

制作面包使用糖的比例是多少？

糖通常的用量为 4% ～ 8%，若超过了 8%，会使渗透压力增加，使酵母细胞的水量平衡失调，发酵速度转慢。另外，糖会与蛋白质争相用水，而影响面筋形成的速度，因此含糖量较高的甜面包面团需要搅拌较长的时间。

盐

Salt

盐在制作面包的过程中扮演着举足轻重的角色，它的用量能直接影响面团的韧性，影响面团的组织结构，同时也与糖的分量相互影响，决定面包的味道。

盐决定了面包的风味

盐在制作面包的过程中扮演着非常重要的角色，它不仅能增加面包的风味，还影响了面包的形状和发酵。

在制作面包的过程中添加盐，可以抑制酵母的活跃程度，也能强化面团的筋度，但盐的使用量必须控制好，太多会使制作出来的面包变酸，太少会使面团在发酵时不顺利，而做出失败的面包。

盐的使用量也取决于面包的种类，如果是甜度较高的面包，相对地就需要使用较多量的盐。

常见的问题与解答 Q&A

如果不加盐做出来的面包会成功吗？

会的，只是不加盐的面包面筋组织较松散，吃起来除了没有味道之外，更无法制作出大体积的面包。

如果不加盐的话，还可以用什么材料来取代？

有些人可能由于健康问题，必须控制盐分的摄取量，因此为他们制作面包时就不适合添加盐。建议可以改成在面粉里添加小麦蛋白粉增加筋性，或是添加发酵种的比例，来强化面筋组织与风味。

{ 盐的妙用 }

增加风味

添加适量的盐可产生少许的咸味，再与砂糖的甜味搭配，可增加面包的风味。

抑制细菌

酵母和野生的细菌对于盐的抵抗力普遍都是很微弱。盐在面包中所引起的渗透压力，会延迟细菌的生长，有时甚至可消灭细菌。

稳定面筋

盐能改变面筋的物理性质，增加其吸水性，使其膨胀而不断裂，质地变密且增加弹力，增强面团的韧性，使面团紧缩，并提高面团的伸展性及气体的保存力。所以筋度稍弱的面粉可以加大盐的用量，而筋度强的面粉可以减少盐的用量。

改善色泽

加入适当的盐搅拌面筋，可使内部产生比较细密的组织，使光线能容易地通过较薄的组织壁膜，所以能使烘熟的面包色泽变白。

调节发酵

因为盐有抑制酵母发酵的作用，所以可用来调整发酵的时间。通常使用量在 1% 以上会轻微抑制发酵，使用 2% 以上则完全抑制发酵。若是完全没有加盐的面团发酵速度快，但发酵程度却极不稳定，尤其在天气炎热时，更难掌握发酵时间，容易因发酵过度而使面团变酸。因此，盐可以说是一种起到"稳定发酵"作用的材料。

油脂

Fat

油脂也是制作面包时非常重要的材料，它能让制作好的面包吃起来柔软而不干涩，也能增添面包的香气，通常中式和日式面包所添加的油脂比例较欧式面包高。

油脂使面包更松软滑嫩

油脂也是制作面包时非常重要的材料，油脂可以让面包更松软、细致与滑润。

无论是中式还是西式烘焙糕点都需要用到油脂，常用的固体油脂有奶油（奶油分为无盐、有盐）、无水奶油、发酵奶油、猪油、白油、酥油、酸奶油、动物性鲜奶油等。

在设计面包配方时，添加油脂比例较高的面团，成形时会比较困难，但是烘烤后的面包却比较香。

🧈 奶油

奶油是从生乳中脂肪含量最高的一层中提炼出来，分为有盐和无盐两种。烘焙较常使用的是无盐奶油，价钱也比较高。

🧈 无水奶油

无水奶油是从牛乳当中提炼出来的油脂，它去除了一般奶油中的水分，所以既不含水分也不含盐分，特色就是味道更香浓，还可以取代猪油制作中式油皮和酥油。但无水奶油一般只有在烘焙材料专卖店才买得到。

🧈 发酵奶油

发酵奶油是在乳脂中添加乳酸菌种，使奶油发酵的成品，味道微酸，具有特殊风味。制作欧式面包较常使用发酵奶油，价格也比较高。买回来的发酵奶油需要冷冻保存，若只有冷藏保存就会活化。
发酵奶油的好处是，适合对乳糖轻微过敏的人食用。

🍞猪油

猪油是将猪皮热炸出来的油脂，特色就是风味香浓，而且耐高温不易变质，中式糕点几乎不能缺少猪油。猪油常使用在中式面包里，例如葱花面包若使用猪油制作会比较好吃。

🍞白油

有一种称为白油的油脂，风味很像猪油，但其实是化学猪油，而且是素食者可食用的。它是为了迎合素食者的需求而研发出来的，可替代猪油。从制作面包的角度来看，如果配方中需要用到猪油，但又顾虑素食者的需要，就可以使用这种白油。

🍞液态性油脂

在家制作面包可以直接使用厨房里的液态性油脂，例如葵花油、大豆油、植物油、橄榄油等。但要特别注意的是，由于烘焙面包使用的烤箱温度一般都在200℃以上，所以选择的油脂必须能耐高温。

🍞酥油

酥油也是素食者可以食用的油脂，又称化学奶油、素食奶油。这种油脂比白油便宜，可以取代奶油，而且不含奶，是更严格的素食者可以食用的油脂。

常见的问题与解答 Q&A

Q1 A

制作面包需要使用多少油脂？

添加油脂能使面包吃起来柔滑细致，但不宜使用太多，否则会影响面团发酵，也会影响面团的筋性。在制作面包的配方中，油脂含量为面粉的6%~10%。

Q2 A

什么时候将油脂加入面团比较好？

油脂最好是在面粉搅拌、揉好后再加入。

Q3 A

如果家中有长辈胆固醇较高，需要控制油脂摄取量，该如何制作适合他们食用的面包？

通常用奶油做出来的面包风味最好，而且口感较柔软细致，但其实家中的健康液态植物油也可以用来制作面包，只要是具有耐高温的特质即可。

Q4 A

制作面包可以使用有盐奶油吗？

如果配方中使用的奶油比例很少，那么就可以用有盐奶油，但如果配方中使用的奶油比例较多，就需要使用无盐奶油，以免影响面包的风味。

牛奶

Milk

牛奶不是制作面包的必要材料，但是通常制作面包会在面团里添加牛奶，可以使制作出来的面包结构更细致、口感更柔软，并且增添面包的奶香味。

牛奶能增添面包的奶香味

制作面包的基础面团需要添加水，但为了增添面包的风味，通常用牛奶来替代水。除了牛奶以外，常使用的乳制品还有脱脂奶粉、全脂奶粉、炼乳等，使用这些乳制品，不仅可以提高面包的营养价值，也能提高面筋强度，并且可以使面包组织细致、口感柔软。

要注意的是，配方中的水不能直接依同等比例改成牛奶，因为牛奶当中的水分含量只有90%，需要再添加10%的水才可以。

常见的问题与解答 Q&A

为什么用新鲜的牛奶（生乳）拌入面团，容易使面团有黏黏的手感？

因为新鲜牛奶含有许多活性菌种，会降低面团的吸水性，造成面团软烂黏黏的手感，结果烤出来的面包就会比较小。若要使用新鲜牛奶（生乳）制作面包，使用前最好先以70~80℃的高温加热30分钟，待冷却后再加入面团中。

材料中的牛奶可以改成奶粉吗？

可以的。奶粉比较容易保存，而且比牛奶便宜，但要特别注意的是，奶粉很容易吸水，一吸水就会结块，所以制作时要先和面粉、砂糖等干料混合好，再拌入水。在使用奶粉时可依照配方中奶粉总量10%为准，另调以90%的水，混合均匀即成为与牛奶相同成分的奶水。

鸡蛋、水

Egg & Water

鸡蛋和水都是属于制作面包需要的液态材料，可以使面团柔软、增添面包风味，并影响酵母作用，使面团产生筋性。鸡蛋使用的分量以及水的质地和温度，都是促使面包成品更完美的关键。

鸡蛋可以使面包内部组织柔软

鸡蛋的蛋黄含有丰富的脂肪，其中的卵磷脂是天然乳化剂，可以结合面团材料中的水和油，同时也具有使面团柔软、延缓面团老化的功能。

在配方中会以个数来表示鸡蛋的使用分量，这样比较容易确认分量，但我们在精准操作时，是将每一个鸡蛋的重量换算成蛋白 30g 及蛋黄 20g。

以重量为单位添加鸡蛋，比用个数为单位添加鸡蛋更精准地掌握材料配方，使制作出来的面包成功率大增。同时，鸡蛋的好品质与新鲜度也会为面包的风味大大加分。

Q1 **A**

常见的问题与解答 Q&A

如果面团的温度无法达到 20 ~ 30℃ 时，该怎么办？

可以隔水加热搅拌，或是在搅拌盆内放冰块降温，就可以调整面团的温度。

水的量决定面包制作成败

水的使用量是决定面包制作成败的关键，它的功能包括作为溶剂，溶解粉类材料，并且使酵母发生作用、使面团产生筋性。

若还要进一步讲究水质，则以 40~120ppm 的硬水为佳。如果添加的是软水，则面团易黏易塌。

水温是必须特别注意的，因为它能影响酵母的活动效果，决定揉和时的面团温度。面团揉和完成的温度在 20~30℃ 之间，因此开始放入面包材料时，就要确认粉类以及水的温度。

基本工具

工欲善其事，必先利其器。要做出好吃的面包，除了备齐工具外，还要了解各种工具的功能及其注意事项。

烤箱温度各不相同，必须每一次烘烤都进行记录与微调

通常初学者会依照食谱设定烤箱温度，但是每一款烤箱都有温度差，如果完全遵照食谱去设定，也不一定能成功地做出理想的面包，所以最好的方法是，熟悉自己的烤箱，和它培养感情。在每一次制作面包时都翔实记录，这样就能帮助自己掌握适当的温度与时间，烘焙出满意的面包。

举例来说，如果依照食谱温度时间操作，但烘焙面包出现烤焦的情形，那下一次就可以试着将烤箱温度调低 10 ~ 20℃再试试，反复几次调整到烘烤出自己满意的成品。

一般烤箱的常用温度是 170 ~ 200℃，低于 170℃可算低温，高于 200℃可算高温。要烘焙出美味的面包，就要选择正确的温度和时间把面团烤熟，用高温快速烤熟或用低温慢速烤熟，面包的风味和质地将大不相同。

不同的烤箱功能，烘烤时需注意的细节就不一样。例如：一般较专业的烤箱会附一个加热指示灯，若设定温度到了，指示灯就会熄灭，这样就容易清楚地知道是否到达设定的温度，若烤箱没有加热指示灯，就要预先加热 10 ~ 15 分钟。

烤箱预热时间	
160 ~ 170℃ ▶ 约预热 10 分钟	
200℃ ▶ 约预热 15 分钟	
200℃以上 ▶ 预热 18 ~ 20 分钟	

烘烤面包前烤箱一定要先预热吗？

就如同炒菜要先热油锅的道理一样，烘烤面包时，烤箱也要预热，如果烤箱没有预热，则烤出来的面包一定失败。如果面团已经发酵完成，而烤箱忘记预热，记得一定要先将面团放入低温环境延缓其发酵，再将烤箱预热，才可烘烤面包。

如果烤箱为上下加热管的烤箱，为了使面团受热平均，应尽量将面团放在烤箱的正中央；若是烘烤体积比较扁平的面包，则将烤盘放在中间位置即可；面包成品若会膨胀大一点，或是烘烤体积较大一点的面包，那么烤盘就要稍微放低一点，预留一些面包膨胀的空间。

如果烤箱有均匀板设计，因为温度可以从均匀板传递，不会集中在加热管，所以烘烤时就不需要调整位置，可以将面团直接放在均匀板上烘烤，好处是不用担心面包膨胀碰到上方灯管，可以充分利用烤箱空间。另一方面，因为均匀板会阻隔热直接传递，使面包不容易上色，若是出现这样的情形，可以试着把上方均匀板抽出来改善状况。

······ 2 面包机 ······

使用面包机制作面包一定会成功吗？

使用面包机制作面包不仅简单，而且不易失手，但是最容易失败的原因在于"酵母"与"食材比例"的掌握。所有材料的比例还是要按照配方的指示操作，这样才能减少因比例失当而造成面包无法顺利制成的困扰。

使用面包机制作面包更方便

这种可自动制作面包的机器，因为内置微电脑，使制作面包的程序能够自动进行，所以又被称为"全自动面包机"。只要依据使用程序，把制作面包的材料放入面包机，设定指令，面包机便会自动完成和面、发酵及烘烤。比起费工又耗时的手工面包，面包机占尽了省时省力的优势，步骤简单、不易失手，受到许多人喜爱。近年来，经过不断的改良，面包机已经不再只用来制作面包，还可以用来做菜、油炸食物。

基本工具 | Basic Tools >·>·>

3 刷子

用来蘸取蛋汁、奶油等，刷在成形的面团表面，也可用来刷除面团上的面粉。使用后必须洗净，干燥保存。以塑胶或天然动物毛制成，动物毛刷较为柔顺好用，而塑胶材质清洗较为方便。

4 温度计

制作面包很多时候都需要用到温度计，像测量室温、油温、水温、面团发酵温度、揉和面团温度等，可以依照需求，挑选不同功能的温度计。

5 搅拌器

用来搅拌、打发或拌匀材料，最常用的有瓜形（直形）、螺旋形及电动搅拌器。瓜形搅拌器用途最广，可打蛋、搅拌材料以及打发奶油、鲜奶油等，钢圈数越多越易打发；螺旋形搅拌器则适合用于打发蛋白和鲜奶油；电动搅拌器最为省时省力。

6 擀面杖

辅助面团、面皮成形，擀成适当的厚度。擀面杖有直形或外加把手的2个种类，使用后必须洗净并干燥保存。

7 烤模

有些面团质地较柔软，或有特殊形状需求，就需要先放入烤模中，再放入烤箱进行烘烤。烤模的质地越好，脱模时越不容易产生粘黏的情形。

8 刮板

专门用来切割面团，亦可辅助面团或派皮等材料混合时的操作。

9 磅秤

称量材料重量的工具，使用时需放置于水平桌面。传统式磅秤价格较电子秤便宜，但较难准确量出微量材料，电子秤在操作上则较为精准方便，最少可称量至 0.1kg。

10 钢盆

打蛋或拌匀盛放材料的容器，一般以不锈钢及玻璃制品使用率较高，必须选择圆底无死角的圆盆，在操作上较为方便使用。

11 量杯

用来量取粉类或液体材料，例如面粉、水、牛奶等，上面标有刻度，1 杯的标准容量为 236mL，一般有玻璃、铝、不锈钢及亚克力等材质制品，使用时需置于水平面检视才能准确测量分量。

12 量匙

用来称微量的粉状或是液体材料，通常 1 组有 4 支，有 1 大匙、1 小匙及 1/2 小匙、1/4 小匙 4 种规格，1 大匙为 15mL，1 小匙为 5mL，1/2 小匙为 2.5mL，1/4 小匙为 1.25mL。

不锈钢材质量匙较为实用，可量取热水及柠檬汁等酸性材料。

13 筛网

用于将粉类材料过筛使其均匀或去除受潮的小颗粒。另外，也常用来过滤液体杂质或气泡，使成品质地细致均匀。网目较细的滤茶器还具有过筛糖粉、装饰成品的用途。

14 计时器

在每一次发酵过程中利用计时器来提醒时间，可避免面团发酵过度。

Chapter

2

面包的基础

不同种类的面包具有不同的口感和香气，其美味的特色也各不相同，若是
要制作出好吃的面包，一定要先掌握制作面包的基础，以及不同面包的美
味秘诀，才能为自己的面包成品大大加分。

面包种类多样，变化无穷！

　　面包的制作，简单地看就是面粉加水，再加上酵母把面团膨胀起来，放入烤箱烘烤即可完成。虽然步骤看似简单，但实际上却依据不同地区生产的面包材料、当地人的饮食风俗习惯，以及不同烘焙师傅研发配方、制作面包的特殊技巧，使面包千变万化，种类繁多。

　　因此，面包的种类，除了可以依据地区来做区分之外，也可以依据面包的风味、口感、发酵方法，以及烘焙方式区分。一般来说，亚洲人偏好软式面包，而欧洲人常食用的是硬式面包。

　　以下将面包简单地分为硬式面包和软式面包来介绍。

硬式（欧式）面包

　　硬式面包的配方比较简单，重点在烘焙的制作过程，它的特色是保质期长且易于保存。这种面包的表皮较硬、脆，而内部柔软，充满浓郁的麦香，吃起来口感扎实有弹性，非常适合蘸酱或是抹酱食用。

　　硬式面包的产地是以欧洲各国为主，例如法式面包、德式面包、意大利面包等。这些地区由于气候较为干燥，加上独特的饮食文化传统的影响，造就了硬式面包独特的口感。

法式面包　常见的有全麦面包、法式小餐包等，多是以白面粉加入水、酵母（或老面）、盐发酵而成，制作的用料简单，面包组织孔洞很大，口感呈现出较松、较干，但是其麦香味十足、有嚼劲，是越嚼越香的面包种类。

德式面包　以裸麦粉加酸老面发酵而成，嚼在嘴里有酸酸的味道和裸麦发酵过的香气，有点像是德国啤酒的味道。面包组织比较细致、口感扎实。

意大利面包　意大利面包的特色是，制作时会将橄榄油及各种香料直接加入面团中搅拌，增加面包的香气及含水量，是3种欧式面包中口感最软的。

01 —
面包种类与
特点介绍

软式面包又称为"甜面包"，以糖、油或蛋为主要材料，可达到"香、酥、细致"的效果。这种面包体积膨大，重量较轻、口感松软有弹性。日本和美国等地的面包大多是软式面包。

日本面包在刀工、造型与颜色上，都十分讲究，尤其内馅香甜、外皮酥软滑口，更是吸引人。例如口感柔软且具有弹性的北海道牛奶面包、汤种红豆面包，是以65℃高温让淀粉糊化的汤种面团制作而成，湿度比一般面包还高。

美国面包则是重奶油与高糖，例如玉米面包、奶油餐包、圆顶吐司等。中国台湾由于曾受日本殖民统治，所以台式面包也是以日式的软面包为主。

软式面包常包覆着各类果干、坚果或豆类，制作成有馅料的甜面包，例如奶酥面包、菠萝面包、葱花面包、椰子面包、红豆面包、水果面包、肉松卷等。

Chapter
2
面包的基础

种类		材料	特性	产品
软式甜面包	>	含有奶油与细砂糖的软面包	因含有细砂糖与奶油，口感蓬松柔软，深受亚洲人喜爱	又称为甜面包，产品代表为红豆面包、菠萝面包等
硬式（欧式）面包	>	不含奶油与细砂糖的硬面包	质地较硬，但慢慢咀嚼能吃出层次丰富的面粉香气	又称为硬面包，产品代表为长棍面包、杂粮面包等
超软吐司	>	含有奶油与细砂糖，直接烘焙的软吐司	质地柔软、香气十足，深受亚洲人喜爱	又称为亚洲吐司，产品代表为鲜奶吐司、地瓜吐司等
硬式（欧式）吐司	>	不含奶油与细砂糖，蒸气烘焙的硬吐司	吃起来口感较扎实，可以蘸取酱料搭配食用	又称为硬式吐司，产品代表为五谷吐司、蔬菜吐司等

好吃的面包关键是口感和香气

尽管面包的种类数不胜数，面包配方也各有千秋，然而所有面包制作所追求的"好吃"，目标都是锁定在"口感"和"香气"，要想制作出来的面包具有好的口感和香气，就要关注每一个细节的调整，都是层层加分的条件。

面包的口感主要来自于搅拌是否均匀，特别是要搅拌至能拉出薄膜，这样做出来的面包组织才会够细致，口感才会好。另一个让面包细致的重点是发酵是否充分，且适当，如此搭配均匀的搅拌，就能让面包组织细致，口感好。

使面包口感好的另一个重点是：面包必须不干涩、含水量足够，而且吃起来松软。这需要得益于材料配方的掌握运用，特别是液体材料的比例。此外，最后进行烘烤的时间和温度，都会让面包的柔软度和湿度有所变化。

面包的香气则来自于发酵过程是否适当，以及面粉材料的选择。用好的面粉做出来的面包口感比较细致，面包香气也会丰富。

最后将面包烘烤至熟的过程，也是最后决定味道的关键，必须将面包烤熟、烤均匀、烤上色，却不能烘烤过度，不能使得面包烤焦或烤干，那将前功尽弃。若是能掌握好面包口感及香气，那么做出来的面包就会好吃。

关键 1 >>> 面包上色均匀

面包上色不均、过淡或是过于深，就会使面包看起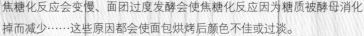来不可口，这时需要调整烘焙的温度、时间以及面团配方和发酵的程度。低温烘焙导致面包外皮上的焦糖化反应会变慢、面团过度发酵会使焦糖化反应因为糖质被酵母消化掉而减少……这些原因都会使面包烘烤后颜色不佳或过淡。

关键 2 >>> 面包香气十足

面包的香气，来自于发酵与烘焙。面团在发酵时，酵母菌会将摄取的糖分转化成二氧化碳与酒精，如果再加上乳酸菌分解之后所产生的乳酸、醋酸等有机酸，面包将具有特殊的香气与滋味。原料中的蛋白质分解酵素会产生氨基酸，增添面团浓郁的甘醇滋味；淀粉分解出糖类，带出面包的香甜。至于将面团烘焙熟了会产生糖类与氨基酸交互反应出来的香气，并带有糖类焦化的香气，这些都是面包香味四溢，让人觉得好吃的条件。

关键 3 >>> 面包顺口、不干涩

面包若是过于干涩是难以下咽的，而干涩的原因，有可能是烘烤的温度过高、烘烤的时间过长，导致面包中的水分蒸发。可以尝试在面包里添加馅

料、酱料等，会使面包吃起来较顺口，不干涩。

关键 4 >>> 面包口感松软 有弹性

影响面包好吃的关键，其中一个就是口感。面包的口感，来自于面粉、水分、酵母等，酵母吸收面粉、糖的养分，达到发酵作用，使面团蓬松，但使用时要拿捏好用量，不是想放多少就放多少，酵母适量，面包口感才会好。面团水分若跑掉，做出来的面包就不够湿润。当面粉加入水搅拌后，会慢慢形成"筋性"，搅拌后的面团要达到出筋的状态，而出筋就是指筋度，也就是弹性，面团出筋烘烤后制成的面包，吃起来就会比较松软有弹性。

绝招——馅料和酱料

提升面包风味的两大

添加馅料提升面包香气与味道

面包好吃着重在色、香、味以及口感。一般的软式面包没有嚼劲，因此多会添加各种口味的馅料，来丰富面包的香气与味道，增添面包的美味。

制作面包的馅料种类众多，有些以干料为主，包含浸泡过酒类的果干、无须浸泡的干果仁、以奶油和糖为基底打发的风味馅料、豆类蒸熟捣成泥状馅料、一般干粉状馅料等。即使制作葱或洋葱面包，也建议使用干制成品。这是因为干料不含水分，不会增加配方已经搭配好的水分含量，减少制作面包过程中可能发生的变数，能更成功地制作出完美面包。

当然市面上购买的面包，有些也会加入湿性材料，例如以新鲜的青葱所制作的三星葱面包，这是专业烘焙师傅在设计面包配方之前，已经将青葱含水的比例计算在面包配方当中，再加上面包师傅的专业经验制作，就不会影响面包制作的成功概率。

01 红豆馅

红豆洗净后用水浸泡一夜，隔天放入电锅蒸煮2次，直到用手可以将红豆捏碎的程度。

加入砂糖、盐，趁热拌匀即可。若是要将红豆制成泥状，搅拌时施加一些力气压成泥即可。红豆馅放凉就可以放入冰箱冷藏，短时间不使用则可以冷冻保存。

02 奶酥馅

将奶油与糖粉打发，再加入奶粉、蛋液拌匀，置于冰箱冷藏后即可切块使用。

03 芝麻馅

将芝麻粉、糖粉、固态油（牛油或是猪油）搅拌均匀，再捏成小型就可成为面包制作的内馅。若是放于室温下或是搅拌久一些，让固态油稍微融化，也可以当成芝麻酱使用。

04 核桃果干馅

将核桃、果干切成小块包入面团中。部分果干可以浸泡发酵乳、朗姆酒等，增加果干的香润气味。

变化丰富自由的面包酱料

口感偏硬的欧式面包、贝果，表皮较硬、脆，内部柔软有韧性，充满浓郁的麦香，口感结实有弹性，越嚼越有味道。但若能与蘸酱、抹酱搭配食用，面包的风味选择就更多样，咀嚼在口中的味道就更完美了。

制作面包的酱料，因为不与面团结合，湿度不会影响面团本身，所以相较于面包馅料制作，变化丰富也更自由，不必受限于干性材料。

搭配酱料的面包，一般以欧式面包为主，因为欧式面包吃起来较简单清淡，只有淡淡的面粉香气，如果搭配不同口味的酱料，就能使面包变化出不同的风味。

酱料可以是甜的，也可以是咸的，质地最好是乳霜状，这样能让面包的气孔充分吸收酱料。如果质地更浓稠，就可以作为抹酱使用。有些搭配炸物的酱料，例如塔塔酱，也可以作为面包酱料，让面包变成滋味丰富的前菜。若是搭配甜味酱料，例如卡士达酱或鲜奶油，就可使面包成为清爽可口的甜点。

面包酱料千变万化，自己也可以设计喜欢的口味，而这里所提出的是常见的 5 种面包酱料。

01 塔塔酱
将洋葱、水煮蛋、小黄瓜、酸豆、巴西里切碎成细末，加入黄芥末酱、柠檬汁、盐及胡椒粉拌匀即可。

02 乳酪优格酱
将乳酪、优格、蒜粉、盐及黑胡椒粉混合拌匀即可。冷藏可以保存 2 天。

03 杏仁奶油酱
将室温下已经融化的奶油，拌入杏仁露、杏仁角、果糖，一同混合拌匀即可。

04 沙沙酱
将洋葱、番茄、小黄瓜切碎成细末，再加入橄榄油、柠檬汁混合拌匀即可。

05 卡士达酱
鸡蛋加上砂糖搅拌均匀，再拌入过筛的低筋面粉、玉米粉、牛奶、蛋液拌匀。用小火加热、搅拌，直到变浓稠状，趁热加入奶油融化拌匀，再加入 1 汤匙朗姆酒，搅拌均匀。将拌好的卡士达酱，覆盖一层保鲜膜，放入冰箱冷藏即可。

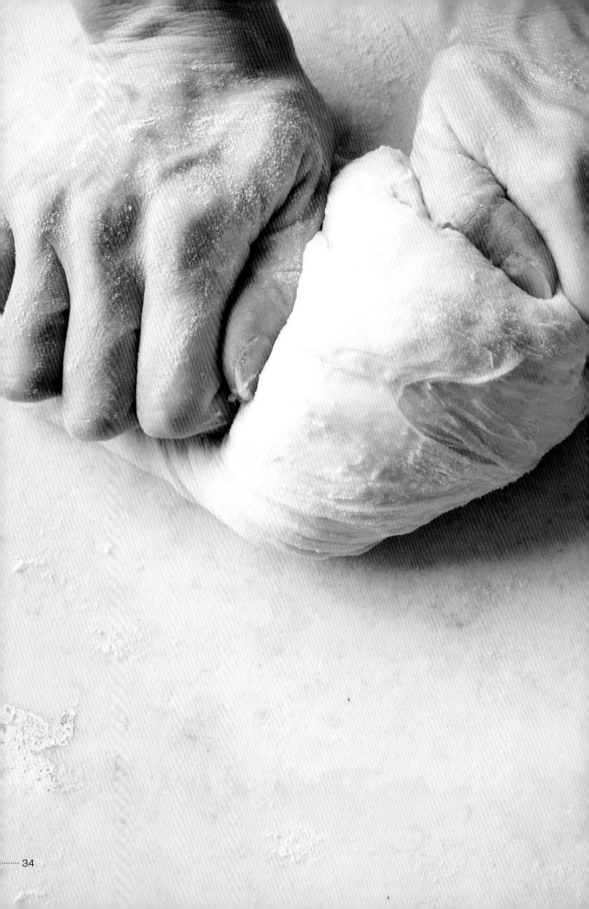

Chapter 3

制作过程中常见的
失败问题与
解决方法

无论制作什么种类的面包，基本的制作程序都是一样的，只要能好好掌握
这些基本程序，就能应用于制作各种面包。这些看似简单的制作程序，其
实每一步骤都需要掌握，以免因细节未注意到而失败。这单元提出一些新
手制作面包常见的问题以及解决方法，大大提升制作面包的成功率。

制作面包的基本程序 | Basic Steps ⟩⟩⟩

基本程序 1

备料 依据配方将制作面包所需要的材料准备好。

基本程序 4

分割 将第一次发酵完成的面团取出，进行称重、切割。

基本程序 2

搅拌 将备料依序放入搅拌机均匀搅拌成面团。

基本程序 5

基本程序 3

发酵 将面团放入发酵箱当中，让面团进行第一次发酵。

滚圆 将切割好的面团滚圆，再进行第二次发酵，也就是中间发酵。

制作面包的程序并不复杂，但每一个步骤都是基本功，必须按部就班，谨慎做到位，最后才能完美呈现面包的色、香、味。

基本程序 6

成形

将完成中间发酵的面团取出，整成所设定的形状或是包馅，再进行最后发酵。

基本程序 7

完成
FINISH

烘烤

依据配方，设定好烤箱的预热温度，将完成最后发酵的面团放入烤箱烘烤完成。

\ 要点 /

好吃的手工面包，重点在于专注细心的制作过程

手工面包的特色，是将对面包的热情与用心，注入制作面包的每一个步骤，除了依据食谱配方指示配料，以及遵守食谱制作流程之外，更要加入自己的观察与调整，随着累积的制作经验而加入属于自己的烘焙细节。手工面包的迷人之处，便是在既定的食谱配方中，加入用心观察，调整制作细节的成果。

面粉

牛奶

搅拌器 奶油

擀面杖

蛋

依照配方指示备料，是制作面包不失败的首要步骤！

制作面包的基本材料是高筋面粉、水、无盐奶油、酵母、盐、糖等。一般我们在市面上都可以买到不同产地、不同品牌的材料。材料的品质对于面包会有很大影响，例如搅拌的时间、发酵程度，都会改变面包成品的口感和香气。

制作面包的材料很容易购买到，即使在一般超市也能将这些材料买齐，但是一般超市中可选择品种没有那么多，也不容易买到进口专业材料，即使买到了，也不容易掌握该材料的特性。建议可以到专业烘焙店选购，不仅选择品种较多且能向商家询问所购买的材料特性。

不同面包依据配方的不同，所使用的材料数量、比例也不相同，因此制作面包一定要依照配方指示备料，不能凭感觉抓，这是制作面包不失败的首要步骤。

 要点！ **材料的品质决定面包的品质**

专业面包师都很重视面包材料的品质，因为材料用得好，做出来的面包口感和香气会更好。使用品质较好的材料，在操作过程也比较容易，例如更容易搅拌均匀、发酵成果也会更好。若是想做出更好吃的面包，一定要在面包材料这个环节下功夫研究，才能更精确地掌握好面包的品质。

使用奶油时，什么样的硬度最适宜呢？

乳化奶油（泥状）为最佳

奶油和其他配料放入钢盆经搅拌成团，必须均匀、充分地融合在面团里，不能有结块或分布不均的情况，否则做出来的面包会软硬度失衡，没有应有的松软度。因此制作面包使用的奶油应为泥状，比较容易打散、打匀，同时温度不能太低，才不会影响搅拌时的温度和发酵。

一般市面上买到的无盐奶油必须冷冻保存，但制作面包前 30 分钟应依所需分量取出，放入室温软化后，再加入其他材料一起进行搅拌。

制作面包的奶油应为泥状，如此搅拌后才能均匀地融入面团当中。

Chapter
3
制作过程中常见的
失败问题与解决方法

面团发酵失败 **NG**

制作面包过程中减糖、减油，导致口感变差有没有补救的方法？

每一个面包配方都是经过面包师精心设计，不能自行减糖、减油

现代人崇尚健康，自己在家做面包希望全家人吃得安心，会忍不住减少油和糖的量，虽然这个想法很好，但却往往也是制作面包失败的重要因素。因为只要减糖，就会导致面团发酵无力；减油，就会使面包变硬，变得口感不佳，而且无法补救，因此备料时就需将所有材料一一清点清楚。备料是制作面包最重要的环节，若备料不切实，接下来制作过程都无法补救。

如果将面包配方自行减糖制作，会导致面团发酵无力，面团看起来会比较小。

 ：面包的健康和美味

面包制作过程一定少不了使用奶油和糖，这两者是使面包好吃的关键，但也对健康有威胁。要解决这个问题，应该请面包师设计配方时斟酌，改变材料比例，或是改变材料本身，才能做出相对

健康的面包。但是，世界上所有的经典款面包，都有特定的口感和风味，是无法为了顾及健康需求而改变步骤的。

Q3 A 开始搅拌才发现忘了过筛面粉，会对面包品质产生什么影响？

制作面包并不需要过筛面粉

很多人以为所有烘焙加入的面粉都需要过筛，但其实了解过筛面粉的意义，就知道并不尽然。将面粉过筛是为了避免面团在搅拌过程中，面粉产生结块、出筋的情形，而影响烘焙成品。特别是制作蛋糕时，讲究的是蛋糕成品细致、松软，如果搅拌过程出筋，蛋糕会变得不好吃，所以制作蛋糕要使用低筋面粉，而且面粉一定要过筛。

但是制作面包没有这样的问题，因为面团在搅拌成团的过程中，已经充分搅拌，而且使用高筋面粉的目的，就是要让面团产生筋性，这样制作出来的面包才会好吃。所以制作面包不需要过筛面粉。

不过有一个例外，那就是如果面粉存放太久，一定会出现结块的问题，那么使用前最好过筛，可以让面团在搅拌时更顺利。

面粉过筛和未过筛比较

面粉过筛后没有结块，搅拌时能较快与其他材料结合。

Q4 A 为什么揉好的面团小而硬实？

变扁 **NG**

因为没有加酵母，无法补救，请重新做一次

酵母是制作面包的灵魂。面粉加水后，面团的结构会变得非常紧密，经烘烤变干之后，会变得硬实，像石头一样，完全不可能制作成面包。

酵母的作用就是让面团产生二氧化碳，由这些二氧化碳在面团里撑出气孔，让面团因为充满气孔而变大、变蓬松，不再紧密坚硬。这样的面团经过后续制作完成，放入烤箱烘烤后，才会蓬松而柔软。因此，若是备料时忘记加入酵母，是完全无法补救的，这个面团不能使用。

备料时若是忘记加入酵母，搅拌后的面团就会变得小而硬实。

基本程序

②

搅拌

搅拌过程是决定面包制作成败的关键

将制作面包的材料放入钢盆中，用电动搅拌器将材料均匀搅拌成团，这是非常重要的一个步骤。首先，要确认每一个材料都均匀混合，接着利用电动搅拌器，将面团打出薄膜，这个步骤非常重要，但也是最难的，因为要将面团打到拉出薄膜，若不借助大型器具的电机是打不出来的，就连一般面包机所做出来的面包，它在制作过程中打出来的面团也是没有薄膜的。至于手工揉制面团制作面包，要揉出薄膜更是非常困难。我自己曾经试过用手揉出薄膜，需要 1 个多小时。

多数人在自家手工制作面包，其实都没有将面团揉到拉出薄膜，虽然烘烤的结果看似成功，但口感却比较粗糙。

即使手工面团很难揉到拉出薄膜，但是可以的话，还是尽可能多费点工夫，将面团反复仔细揉，使面团和材料混合均匀，如此发酵时，二氧化碳就可以在面团细微的间隙里充气，使得面包结构细致、孔洞分布均匀，吃起来口感也更好。

 要点！ 使用电动搅拌器效果更好

将制作面包的所有材料搅拌均匀并不容易，需要强力的手劲才能做到，所以建议直接使用专门的电动搅拌器来搅拌面团，不但省时省力，而且搅拌的效果更好。目前市面上已经可以买到小型的面团搅拌器，喜爱做面包的朋友可以考虑使用这种搅拌器。

为什么我搅拌的面团不是太黏手，就是面团会断裂？

要依照配方的材料分量制作面团

　　每一个面包配方都是精心设计过，如果依照配方比例搅拌成面团，那么搅拌好的面团应该是表面光滑不粘黏钢盆的，也就是达到"盆光"（不黏盆）、"手光"（不黏手）、"面团光"（面团表面光滑）等"三光"的目标。

　　一般搅拌好的面团如果有太黏手或面团断裂的情形，一定是没有依照配方指示的分量备料，而自行调整液体类材料（例如牛奶、水）或粉类材料（例如面粉、糖、盐）分量的结果。所以，如果面团搅拌后太黏，表示液体类材料放得太多，必须加入粉类材料；如果面团容易断裂则是太干了，表示粉类材料放得过多，必须加一点水。

面团粘手 **NG**

▌ 面团太湿，搅拌后会黏手。

断裂 **NG**

▌ 面团太干，搅拌后容易断裂。

为什么制作甜面包面团，搅拌很久还很难成团呢？

甜面包面团成团诀窍在一开始就要快速搅拌

　　前面提到，将所有材料搅拌成团有两个目的，一个是使所有材料充分混合，一个是将充分混合的材料搅拌到出筋，可以拉出薄膜。因为面包材料里有奶油和水，不容易混合在一起，如果配方中的油和水较少，那么就比较容易成团，如果制作的是甜面包面团，因为甜面团加了很多油、鸡蛋和牛奶，其中油分和水分很高，而油和水很不容易混合，所以一开始就要搅拌非常快速，才有办法让材料混合均匀。

 要点！ ：面团的温度如何决定面包好吃的程度？

面团的温度也会影响发酵，如果面团的温度太高，面团会发酵得比较快（发酵力强），可能在还没有搅拌出足够筋性的时候，面团发酵程度已

经很高了，这时候，筋性会被发酵力扯开、撑大，看起来发酵速度虽然比较快，可是烤出来的面包结构却比较粗糙，而且也比较容易老化。

Q3 A

想要确认面团的延展性，但是却拉不开？

拉薄膜步骤

表示搅拌程度还不够，需要再持续搅拌

面包材料搅拌混合均匀后，是一团没有筋性的面团，没有延展性，所以拉不开，一拉就会断裂。等到继续搅拌一段时间后，面团的筋性才会出来，这样面团才会有弹性，但这时面团的延展性还不是那么好，所以拉到一定的程度还是会断裂，必须持续搅拌更久，让面团出现足够的筋性，才可以拉出薄膜。

开始 →

取一小块面团，将双手掌心向上，用四指指腹顶住面团左右两端。

利用四指和掌心的力量，将面团慢慢撑开。

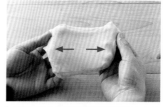

将双手大拇指分别压住面团左右上角，四指撑住面团左右两端，利用手腕的力量，慢慢向外拉开。

将两手中指指腹慢慢移向面团中心，利用四指的力量将面团做两边反方向的拉动。

由中心向两边拨开的面团，手在左右两端，此时透过面团已经可以清楚地看见底下的手指。

持续用手指指腹将面团由中心向外剥薄，再做两边反方向的拉动，直到能透光的程度表示面团搅拌成功，可以进行下一个步骤。

Q4 A

为什么在夏天或是面团过热时需加冰块？

加冰块可以降低面团温度

搅拌面团的过程中，温度的控制是非常重要的。一般放在钢盆里的材料，在搅拌过程中应该要维持在 25 ~ 26℃之间，如果温度太高会使面团熟成。夏天室温比较高，搅拌面团更是需要特别注意温度，如果过热，就要加冰块。冰块直接和其他材料一起放到钢盆里搅拌，不需担心温度太低，因为一启动搅拌之后，温度会上升得很快。

相对地，如果面团温度太低，就打不出筋性来，没有延展性，就不能拉出薄膜。

夏天搅拌面团时，可以直接先在钢盆里投入冰块，和其他材料一起进行搅拌。

基本程序 ③

发酵

❶ 直接法

如果使用的面粉品质非常好，本身就具有很好的风味，那么就可以使用直接法来发酵面团。用直接法发酵面团的方式非常简单，就是把当天做好的面团放置半小时，取出翻面，再放置1小时即可。这个方法的优点是制作过程比较简单、失败率低，而且比较节省时间。这也是一般面包店最常使用的发酵面包的方法。

❷ 低温发酵法

低温发酵法是比较麻烦又费时的方法，但是透过低温长时间发酵，充分释放出面粉中各种物质的风味，所做出来的面包风味层次非常丰富，是许多面包爱好者追求的。低温发酵法，顾名思义，就是让面团在低温环境下慢慢进行发酵。在前一天先把面团制作好，放入冰箱冷藏发酵18小时之后，再取出来继续成形，最后发酵再放入烤箱烘焙。

❸ 中种法

中种法就是当天所制作的面团，其中1/3或1/2是从低温发酵法所发酵好的面团中取出，混合在当天制作面团的面粉中，发酵时间比低温发酵法快，所以要注意是否过度发酵的问题。用中种法所制作出来的面包也有丰富的风味。

❹ 汤种法

近几年常听到商家主打的"汤种面包"，特色是柔软度绝佳，这是因为制作这种面包使用了汤种法的发酵方式，主要是要把面团做得更保湿一点。

步骤是，先把一部分的面粉，加入沸水搅拌均匀，置凉后再放入冰箱冷藏，接着再取出来与主要的发酵面团一起进行发酵。因为面团中一部分的面粉已经糊化，所以面包的保湿性更好，做出来的面包也比较柔软。

使用不同的发酵方法制作面包，呈现出的口感和风味也有所不同

决定面包是否好吃的关键是发酵，包括发酵是否成功、发酵过程时间长短、使用的酵母特质……都会使同一个配方所制作出来的面包产生不同的口感和风味。一般使用的发酵方法有下列4种。

面团一直发不起来怎么办？

从面团温度和酵母分量找出问题来解决

　　面团发酵需要一定的温度，如果温度太低，面团会发酵不起来，因此要确认面团温度是否维持在 26℃左右，如果温度不足，可以把面团放在温度较高的地方，继续发酵。如果面团的温度没有问题，那就需要检查酵母的分量是否足够？如果酵母的分量不够，面团也可能发不起来，这时可以再加入酵母揉进面团里，使面团发酵。有时可能是使用的酵母品质有问题，或是放太久……这时还是可以加入品质好的酵母揉进面团里，使面团发酵。

面团没有发起来 NG

面团没有发起来，结构比较紧实，看不到气泡。

面团有发起来 OK

面团若有发起来，可清楚地见到气泡。

 一般在自家发酵面团，没有发酵箱，该怎么办？

如果是夏天，室温比较高，放在较密闭的空间，即可让面团顺利发酵。冬天天气比较冷时，可以将面团放在温度约 26℃的环境里。发酵方法有很多，有些人会先预热电锅温度，拔掉插头后，确认电锅内温度降到 30℃以下，再将面团放入发酵。除了使用电锅之外，还有一种方法是使用微波炉。方法是，在微波炉里加热半碗水，使内部温度升高并产生湿气，接着再将搅拌好的面团放入微波炉内，但无论使用哪一种方法，都必须先用温度计确认好放置面团的空间温度，必须在 26 ~ 30℃之间。

发酵过度或是酵母加太多

面包做起来
过度膨胀是
什么原因？

　　每一种配方做出来的面包体积基本上是固定的，如果依据配方做出来的面包体积太大，那是因为面团发酵过度的结果。

　　面团发酵过度可能是因为发酵时间过长，或是发酵温度过高，在制作过程中没有掌握好。此外，一开始在备料时加入过多酵母，也是让面团过度发酵的原因之一。如果面团发酵过度，是无法补救的，只能将面团整个丢掉，无法制作成面包。

面团的发酵

发酵前

面团搅拌好之后，放入钢盆中等待发酵。

NG 发酵不足

面团开始膨胀，表示酵母开始发挥作用，但尚未发酵完成。

OK 发酵刚刚好

面团膨胀为发酵前的两倍大，表示已经发酵完成，可以进行切割、滚圆步骤。

NG 发酵过头

若是没有掌握好时间切割、滚圆，那么面团会持续发酵，体积大于发酵前两倍以上的面团是发酵过度，已经无法使用。

如何判断面团是否发酵完成？

手沾面粉

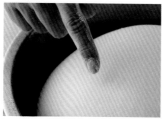

手指沾取面粉。

检查

往面团里戳一个洞。

OK

观察这个洞是否立即密合？如果没有，表示面团发酵完成。

要点！ 如何判断面团是否发酵完成？

❶ 依照配方所指示的备料分量，将面团放入发酵箱中，控制好标准温度、湿度与时间，如此时间一到，取出的面团即为发酵完成的面团。

❷ 看面团体积是否已经变成发酵前两倍大？如果是，表示发酵完成。

❸ 用手指沾取面粉，用力地往面团里面戳一个洞之后，观察孔洞是否缩小？如果没有，表示发酵完成。

❹ 用中指与食指捏取部分面团轻轻向上拉，如果拉断了表示发酵完成。

Q3 A 我该如何判断发酵的面团需不需要翻面？

面团搅拌完成后静置 30 分钟即可翻面

用直接法来发酵面团时，专业的面包师会观察面团发酵的程度，以及室内温度和湿度，来判断面团翻面的时机点，但是一般人难以判断，所以最简单的方式就是搅拌成团后，静置 30 分钟，取出翻面。

如果制作的面团比较大，可以先将面团对折再翻过去即可。

如果面团没有翻面，还是会发酵成功，但是多了翻面这个动作，可以增加酵母的力量，缩短发酵的时间。

面团翻面步骤

步骤 1 >>

将发酵面团由下往上折起。

步骤 2 >>

握住面团下方，将面团翻面。

要点！ 翻面可以使面包发酵均匀、筋性更好

欧式面包吃起来特别有嚼劲，其中一个原因就是，制作欧式面包在发酵过程中会采取"翻面"这个动作来加强发酵膨胀力量。面团搅拌完成开始发酵后，你会发现面团中间膨胀得比较高，

而面团四周则没有那么膨胀，这时候可以取出面团，拍出里面较大的空气，再将面团整成方形，然后将面团翻面，继续发酵。这个动作可以使面团发酵得更均匀。

Q4 A 为什么发好的面团底部粘黏？

发酵温度太高，面团熟成了

有些人因为担心面团发不起来，或是发酵太久，会故意把面团放在电锅里，提高环境温度，让面团更快发酵，结果没有拔掉电锅插头，造成发酵温度过高，而使面团底部熟成了。

熟成的面团不能使用，必须丢弃。如果冬天温度太低，想使用电锅提高发酵温度，记得确认好电锅里的温度之后，拔掉插头，再将面团放入电锅内发酵，如此才不会造成面团熟成。

Q5 **A** ✗ NG

喷水加快发酵

在面团上喷水，可以加快面团发酵，但建议还是不要这么做，应该让面团随着时间自然发酵。

面团发酵时要不要喷水？

面团发酵不够不能喷水，要延长发酵时间

有些人觉得发酵不够，所以在面团上喷水，这样烤出来的面包比较大，但是建议不要这么做。

面团本身配的材料已经固定湿度，在制作过程中只能加入干料，否则会影响面包的成品。因此等待发酵中的面包当然不能用喷水的方式来加强发酵，而是应该延长发酵时间，让面团自然充分发酵。

Q6 **A**

发酵箱中的面团

发酵箱的相对湿度应控制在 75% ~ 80%

我照着书上的温度做面团发酵，可是不会判断湿度怎么办？

只要将面团置于封闭性较好的

空间内就可以了

如果家中有发酵箱，可控制相对湿度在 75% ~ 80%。如果家中没有发酵箱也没有关系，可以将面团放入电锅里，盖上锅盖（但记得留点空隙），或是放在干净的大锅里，盖上锅盖（也要留点空隙）。由于面团本身就有湿度，发酵过程中只要避免面团里的水分蒸发掉，就可以保持一定的湿度，有利于面团发酵。相对地，如果室内湿度太高，那么将面团放入密闭空间，也可以避免湿气侵入而影响发酵。

 要点！ 发酵湿度对于面团有何影响？

夏天水分蒸发很快，如果把面团放在开放空间发酵，则面团表面的水分容易蒸发，面团会变硬，阻碍发酵向上膨胀。冬天时室内湿度较高，如果面团放在开放空间，就容易吸收室内的水分，使面团表面糊化，也会影响发酵成果。

使每一个面团大小均等

分割面团的目的，是为了将制作好的基础大面团，依据制作每一个面包所需要的分量，切分开来，便于之后将每一个小面团成形、烘烤。分割面团最重要的是，务必每一个面团分量均等，所以必须使用电子秤计量。有时也可以将面团平铺开来，用尺量出等长、等宽，平均切好面团。

将切好的面团放在电子秤上测量之后，如果发现重量不足，可以再切一小块面团，由底部补进去；如果重量超标，就要切掉一小块面团，如此斟酌，直到每一个面团都符合食谱建议的标准。

切割面团速度不能太慢，记得，当你正在切割面团时，面团依然在发酵，所以时间要控制好，以免最后进烤箱时发酵过度。另外，切割面团的过程中，面团里的水分也会蒸散，因此需要确切掌握这个步骤的时间。

要点！ 分割面团过程要注意避免面团变干

面包制作的初学者，在分割面团时不容易确切掌握每一个小面团的分量，需要较多时间，慢慢将面团等分切割好，而这个过程会使面团慢慢变干。因此建议在分割面团时，将已经分割好的面团盖上湿布，如此可避免面团变干，影响面团品质。

如果分割不均匀，要怎么补救？

混入面团中，重新分割，但不能太多次，否则会造成面团搅拌过头

如果分割不均匀，例如分量抓得不对，需要补救时，可以将切出来的面团再混入原来的面团中，重新分割。方法是，把大面团覆盖在小面团上面，再揉进去。

但要注意的是，这个补救方式不能进行太多次，否则会造成面团搅拌过头，易断筋。面团断筋就完全无法使用。因此分割时最好准确测量后再进行分割，减少错误的概率。

分割不均匀 NG

分割成功 OK

💡 解决方法

将面团进行称重，重新分割。

将面团用刮板切割。

 为什么要将每一个面团均匀分割呢？

面团分割均等的意义，在于使每一个面团体积大小相同，如此放入烤箱的时候，依据固定的温度和时间，烘烤出来的颜色、大小和柔软度才会相同。如果面团分割不均等，有些太大，而有些太小，那么进烤箱烘烤后，有些就会烤得太干、太小、不熟等。因此，分割面团一定要均匀，才不会影响烘烤成果。

分割面团时使用哪种工具较合适?

分割面团需使用刮板

分割面团需要使用刮板,但也有人使用刀子,此外,也有一种专门切割面团的机器,制作大量面包时可以使用。使用刮板的好处是,它接触面团的面积较大,切割时不会挤压到面团。如果使用刀子,刀面接触面团的面积较小,切割时较容易挤压到面团。

由于面团是非常柔软的,所以分割面团时,下刀速度要快,这样才能避免粘黏,或者是切割不完整。

分割完成后的面团要如何保存?

分割完成后的面团,要用面团布覆盖

经分割完成后的面团,接着要进行滚圆的程序,但在这两个程序之间还是要相隔一点时间,如果将分割完成的面团放置在通风环境下,那么面团里的水分很容易蒸干。因此,切割好的面团要用面团布覆盖,才能避免面团变干变硬。

将切割好的面团,用面团布覆盖住,避免面团变硬、变干。

如果切割完成后还剩一点面团要如何处理?

可将剩余的面团再平均加入到分割好的面团底部

将基础大面团按照要求,分割成大小均匀的小面团,若是还有剩余一点点面团,重量不足一个小面团,那么可以将这一点面团平均分别加入每一个面团的底部,如此可以避免材料的浪费。

将剩下的面团从已分割面团底部加入。

面团进行第二次发酵与成形

第一次发酵完成的面团，用刮板分割为均等大小后，每一等分的两侧切口是锐利的直线，需要进行滚圆，如此进入第二次发酵时，发酵才会均匀。

此外，滚圆发酵的面团，较方便进行成形，将面团整成所需的形状。

滚圆前可轻轻拍打面团，稍微拍出面团里的空气。滚圆面团的方式有两种：一种是针对较小的面团，可以用单手直接将面团滚成圆球状；另一种是针对较大的面团，需要用手掌心的力量左右推动，使面团滚圆。

滚圆面团时不需要撒上面粉，比较容易滚成圆球状。滚圆后的面团应立即用面团布盖好，以免面团里的水分蒸发、面团变干，不利于发酵。

要点! 滚圆面团力道要轻

滚圆面团，是为了进行第二次发酵，以及成形方便，这个过程需要切实将面团滚成圆球状，但要注意不要过度施力，影响面团的结构，那将不利于之后面团成形。滚圆面团注意是借助手掌和桌面的空间，让面团来回滚动即可。

Q1 A

拍打面团时，怎么做才不会拍过度？

拍打面团时，可将手背鼓起轻轻拍打即可

　　面团滚圆之前可先轻轻拍打，因为面团切割好待滚圆的过程中依然在进行发酵，可以想象成气球一直在吹气膨胀中，轻轻拍打可以稍微将持续发酵的空气排出，比较容易滚圆。

　　拍打面团的动作，应该把手背鼓起，利用手掌心和面团之间空气的推动，拍打面团。

手鼓起拍打面团 OK　　**手直接贴着没鼓起 NG**

先将手掌鼓起，再轻轻拍打面团。　　手直接贴着面团拍打，是错误的。

Q2 A

小面团如何滚圆？

用手掌心的力量滚圆

　　将分割后的小面团放在桌面上，单手手背鼓起，轻放在小面团上，打开虎口轻握面团，以顺时针或逆时针的方向，在桌面上转 3 ~ 4 圈，原地做画圆动作。

　　滚圆的时候不要沾太多面粉，比较容易成功。

滚圆失败，面团表面充满皱褶，不成圆球状。　　滚圆成功，面团表面光滑，成圆球状。

面团滚圆步骤

开始

将手掌立于桌面上，面向分割好的面团。

将掌心向下，稍微包住面团。

用拇指与掌心略微夹住面团。

将中指下弯，和拇指一起夹住面团。

手掌压住桌面，推动面团滚成圆球状。

Chapter 3 制作过程中常见的失败问题与解决方法

滚圆的作用?

让分割滚圆完成的面团进行中间发酵

　　面团经过刮板切割好之后，两边刀口切下的部分呈现锐利的直线，这个形状不利于发酵，必须在滚圆之后，才能进行第二次发酵。此外，滚成圆球状的面团，在面团进入成形阶段时，比较方便成形。

大面团如何滚圆?

单手掌心贴住面团，用手掌的力量推动

　　如果切割后的面团体积比较大，不容易握住面团进行滚圆的动作，那就要用掌心贴住面团，用掌心的力量，将大面团前后左右反复推动，慢慢将面团推成圆球状。

　　滚圆之前可用双手轻轻拍打面团表面。拍打面团表面的意义是，要先拍出面团里比较大的空气，消除气泡，如此比较方便进行滚圆，也有利于第二次发酵。

　　制作大型面包的面团比较大，由于发酵后的面团质地柔软，滚圆和成形比制作小型面包难度高，所以必须轻柔、顺势推动。如果一开始掌握得不好，也无须灰心，只要多练习几次，拿捏好手感，就可以更顺利地进行这个步骤。

开始 ➡

用手立于桌面上，由下而上轻扶住面团切割面。

将面团由下往上推动。

将手掌往下压。

将面团由右往左推动。

用其他四指将面团由外往内推

用拇指、中指、无名指和小指的力量，将面团滚塑成圆球状。

基本程序

⑥

成形

成形决定烘烤后面包的形状

面团完成分割、滚圆，放入发酵箱进行第二次发酵后，就可以进行成形。成形的步骤是将面包整成想要呈现的形状，也是决定面包形状的步骤，例如想要做长棍面包，就要把滚圆的面团滚成长条状；如果要做辫子面包，就要将面包整成辫子的形状。

依据分割滚圆好的面团进行成形，有些面团较大，有些面团较小，前者成形较不容易，需要将面团放在桌面上，以包覆、切划、翻转等方式，慢慢地将面团制作成需要的形状；后者成形比较好掌握，但同样都要注意，施力要轻柔，以免破坏面团结构。

通常包覆馅料，或在面团表面加上奶油、葱花、莓果等干料，也会在这个步骤一起完成，也就是说，面团成形后进行最后发酵之后，就可以直接送入烤箱烘烤了。

要点！ 面团成形时要避免破坏面团结构

面团成形时，面团已经过二次发酵，面团基底结构已经很完整，所以成形时要小心，避免过度施力，而破坏面团的发酵结果。另外，有些面团形状较复杂，成形过程需要较多时间，可能会造成面团过度发酵，或是面团干掉，所以一定要准备湿布，把还未成形的面团，以及成形好的面团包覆起来，以免水分流失。

成形最容易发生哪些错误？

成形太用力或与工具粘黏都是常见的问题

成形时可能使用各种工具辅助，例如擀面杖、刀子、模具等，记得，面团是湿润的，所以可能会发生面团和工具粘黏的情形，因而会破坏面团形状。因此，利用工具成形时，最重要的技巧就是速度要快且施力要轻、要均匀。如果仍然发生粘黏的情况，也不必担忧，有可能是面团太湿造成的，所以只要在面团上撒一点面粉，就可以解决粘黏的问题。

另外，成形时如果太用力，会让面团缩回去，这是面团成形不成功的原因。面团本身像橡皮筋一样具有弹性，如果对面团施力太大，会出现反弹现象，所以对面团施力一定要轻，这样成形才会成功。

成形过程需擀开面团

成形时力道放轻，上下轻擀面团。　成形时力道太重，面团破裂。　将破裂部分的面团包覆回原面团里，重新成形。

成形过程需折叠面团

成形时面团不会发生粘黏。　成形时面团黏在手上。　在面团上撒上一点面粉，就可以防止面团粘黏。

长条状面团

手集中在面团中间 **NG**

手集中在面团中间。　　　　　　　　面团没办法揉成长条状。

双手均匀施力 **OK**

 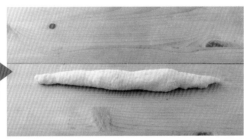

将双手四指轻放在面团上，由中间往两旁均匀施力　　面团为均匀长条形，由中央向两侧逐渐变尖。
滚长，到最两端时加重施力，使两端变尖。

OK

Q2 **A**

为什么在面团成形时，面团会缩回去？

面团成形时太过用力，会使面团缩回去

　　面团成形时力道要放轻一点，如有切割的动作，也要轻而快速，这是因为面团具有筋性，也就是弹性，如果成形时太用力，那么面团就会像橡皮筋一样弹回去，使得成形过程变得困难。

 NG

面团成形时，力道应放轻，先往前推，再慢慢往后，面团才不会缩回去。

面团成形时如果太用力，面团有弹性，会缩回去。

为什么面包表面划线无法划得漂亮?

刀子不够锋利或是切的力道不对

有些面包成形时需要使用刀子在表面划线，刀子必须够锋利，才不会过度拉扯面团，导致划线划得不够漂亮。此外，划线的时候力道不能太重或太轻，否则也会划线划得不够漂亮，并影响面包口感。

如果刀不够锋利或是切入角度不对，划出来的线条也不会漂亮。划切面包表面时应该以刀锋向下斜角下刀，而不是垂直下刀，这样划出来的线条就会很漂亮。

刀划得太轻 NG

下刀划得太轻，无法让面团开成漂亮的线条。

刀划得太重 NG

下刀划得太重，会使面团切口太大，烤出来的面包不好看，也会影响口感。

斜着切入 OK

划开面团应斜着刀面划开，这样烤出来的线条才会好看。

垂直切入 NG

划开面团的刀片垂直向下是错误的。

 为什么有些面团需要在表面划切割线? 没有切割线可以吗?

在面团表面划切割线，有指定面团膨胀区域的作用，使两条切割线中间的面包体特别膨胀，这也是成形的一部分。需要切割线的面包配方，如果没有切割线，那么烘烤时面包可能会从底部裂开，变得不好看。

切划面团漂亮的小技巧

用刀切划面团时，为了避免刀和面团粘黏，可以在刀的上面抹上一层薄薄的奶油，如此切划面包时就可以避免粘黏。

Q4 A 为什么包好的馅料烤完会掉出来?

先将面团中心轻压后，将馅料置于中心，再收口

　　包馅料是很重要的程序，馅料如果没有包好，放入烤箱烘烤之后很容易爆开来。

　　基本上，每一个面团放的馅料分量应依照配方指示，才不会因为馅料太多而让面团过于膨胀，也不会因为馅料太少而吃不出面包的口感。

　　其次，包馅料时应将馅料放在面团的中心点，稍微轻压与面团更紧密结合之后，再以掌心和手指的力量慢慢收口，将面团捏紧，就可以把馅料包好了。

开始 ➡

取出发酵好的面团，稍微压平后，在面团上撒上馅料。

用手掌稍微将馅料压粘在面团上。

馅料添加完成。

拉起面团上方 1/3 的宽度，由上往下折入。

拉起面团下方 1/3 的宽度，由下往上折入。

要点!

馅料没有包好，问题有 3 个:

❶ 收口时没有捏紧。

❷ 面团本身太干或沾到油。

❸ 成形时让面团沾到太多面粉。

掌握烘烤时间和温度是成功的关键

　　烘烤面团是制作面包的最后一个步骤，也是决定面包香气和口感的关键，如果烘烤方式、温度和时间没有调整好，那么烤出来的面包可能过于焦黑或是不熟。每一种面包烘烤的时间和温度都不同，为了呈现面包特色，有时也会加上一些烘烤的小技巧，例如烘烤法式面包会用蒸汽烤法，这样烤出来的面包才会呈现表皮硬脆的口感。

　　由于每一个品牌烤箱的温度和空间不同，上下火距离也不同，因此自家烘烤面包时，建议可以以配方温度和时间为基准先做一次，把烘烤的成果记录下来，作为下次烘烤面包调整温度和时间的参考值。

　　如果面团放入烤箱之前表面刷上蛋液，那么烘烤好的面包表面颜色就会是金黄色的，如果没有刷上蛋液，烘烤好的面包表面颜色就比较不明显。通常除了依据食谱烘烤时间进行烘烤，会成功地烤出上色的面包，也可以透过自己观察面包表面颜色的变化。采取后者方式的好处是，透过自己用心观察烘烤面包的变化，能够更精准地掌握好自己喜爱的面包香气与口感，如此反复操作，就能烘烤出具有自己特色的面包。

> **要点！**：面团放入烤箱中的位置也很重要
>
> 　　一般家用小烤箱和面包店使用的专业大烤箱最大的不同，就是空间太小，四面供热不均匀，因此放入的面团很可能因为偏上、偏下、或是偏前、偏后，而烤出不同的成品。家用小烤箱所烤出来的面包，常常底部焦黑就是这个原因。所以面团放入烤箱的位置也需要经过不断测试，才能成功地烤出好吃的面包。

翻看底部与轻捏面包两侧

烤完面包了，我却无法分辨是否烤熟，怎么办呢？

以下几种方法可以判断面包是否烤熟了。

❶ 看外观，烤熟后的面包会比送入烤箱时膨胀 1～1.5 倍。

❷ 挑起面包，看看面包底部是否有着色。

❸ 按压面包两侧，看看按压下去的地方是否会反弹？如果是，表示烤熟了；如果按压下去的地方没有反弹回来，就表示面包没有烤熟。

将面包从烤箱取出测试是否烤熟时，速度要快，不能让面包失温太久，否则若判断没烤熟再放进烤箱烤，面包就再也烤不熟了。

观看底部

面团烘烤时间太长或设定温度太高，会使面包底部呈现焦黑。

轻压两侧

如果面包烤熟，则按压面包两侧再放开，按压的部分有弹性，会恢复平整。

 面包烤熟的技巧

如果使用的是家庭小烤箱，建议分割面团时，每个面团体积不要太大，这样烤箱的温度才足够烤好面包。另外，若是依据配方时间和温度烤好面包之后，觉得不放心，烤箱可以熄火，闷 1～2 分钟再取出面包。

Chapter **3**
制作过程中常见的失败问题与解决方法

搅拌不够或是成形时力道太大

为什么烤好的面包没有膨胀，而是凹进去？

烤好的面包应该是膨胀的，如果面包表面凹进去了，表示面包制作成团的过程失败。一般常见面包烤好后表面凹进去的原因有两个：一个就是搅拌不够，没有搅拌到面团能拉出薄膜，影响了发酵程度。另一个原因是，有可能成形时力道太大，把发酵好的气孔压扁了。

其实想要烤出膨胀的面包并不难，只要根据食谱指示，按部就班做好每一个步骤，一定能烤出漂亮膨胀的面包。

烤好的面包表皮凹进去，吃起来口感不佳。

烤出来的面包为什么又干又硬?

烤箱设定温度太高或烘烤时间过长

烤面包一定要依配方指示设定好烤箱温度和时间，如果设定的温度太高，或烘焙时间太长，则面团里的水分会被烤干，烤出来的面包就会变得又干又硬。

因为不同烤箱会有不同的温度传导，有些烤箱生热温度不均匀，如果底部温度比较高，烤出来的面包底部会变焦黑。

如果依据配方指示的时间和温度设定好，但是烤出来的面包还是口感偏硬，下次烘烤时可以用降低温度或减少烘烤时间的方式进行调整即可。

底部焦黑

底部呈金黄色

面团烘烤时间太长或设定温度太高，会使面包底部呈现焦黑。

面团烘烤时间和温度如果设定好，则烤好的面包底部会呈现漂亮的金黄色。

面包烤完上色不均匀该如何补救?

先将烘烤时间设定为整个烘烤时间的一半，再将烤盘取出，反过来放入继续烘烤

烤好面包之后，若发现面包表面上色不均匀，那是因为烤箱上下温度不均匀，也和面包放置在烤箱里的位置有关，使得面包在烘烤过程中受热不均匀。一般家用小烤箱比较容易出现这种情形。

遇到这种问题，解决的方法是，下一次烤面包时，先将烤箱设定为配方建议时间的一半，时间到了取出烤盘，将烤盘180°反转之后，再放入烤箱继续烘烤，如此就可以使烤好的面包上色均匀。

没有烤到均匀上色的面包，表面颜色一部分呈黄白色，只有少部分呈金黄色。

烤到均匀上色的面包，表面呈金黄色。

专业烘焙用烤箱，温度比较均匀，烤好的面包颜色也比较均匀。

要点！ 改变面包配方，也可能使面包烤不上色

面包要能烤上色，其中一个重要的因素是配料中的糖，经过烘烤后的糖分会呈现金黄色，也就是面包表皮的颜色。因此，如果任意改变面包配方制作，就有可能使面包烤不上色。

已经搅好面团，但却忘记预热烤箱？

需要冷藏面团以延缓发酵

制作面包最重要的是时间的掌握，因为面团中加入了酵母，而酵母会随着时间持续发酵不会停止。面团成形后进入最后发酵阶段时，就应该打开烤箱开关，先预热烤箱温度，如此最后发酵一完成，就可立即放入烤箱烘烤。

如果最后发酵已经完成，却忘记预热烤箱，记住，面团在持续地发酵，如果面团放在室温中，等到烤箱预热完成，已经过度发酵，那么烤出来的面包会变酸。因此，若是已经搅拌好面团，才发现还没有预热烤箱，这时候应该立即将面团用面团布盖好，置入冰箱冷藏，使面团发酵速度变慢，然后预热烤箱。

开始 ⟶

Chapter

3

失败问题与解决方法制作过程中常见的

已经完成最后发酵的面团。

取一块面团布覆盖在面团上方。

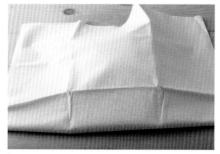

将面团布覆盖整个面团。

将面团布和面团贴紧，减少空隙，再放入冰箱。

Chapter
04

这样做不会错！

完美面包制作配方

制作面包的过程中每一个环节都非常重要，只要有一个步骤没有拿捏好，
例如配方、温度、湿度、时间的设定，就会做出失败的面包。因此我们在
这一章节特别详尽地用图文方式列出，制作每一种面包的每一个步骤，只
要依照这些步骤指示，就可以成功地做出各种经典面包。

日式白吐司
Toast

松软的日式白吐司，
是最简单，也是最经
典的面包。

材料		参考数据			
NIPPN 高筋面粉 500g		发酵箱温 / 湿度	28℃ / 75%	中间发酵	30 分钟
细砂糖 5g		搅拌后温度	26℃	最后发酵	模型高度的 7 分高
纽西兰海盐 11g		基本发酵	60 分钟	烘焙温度	上火 210℃
Isigny 无盐奶油 10g		翻　面	无须翻面		下火 230℃
牛奶 300g		分割重量	225g/ 团	烘焙时间	35 ～ 40 分钟
燕子牌即发酵母 7g					

开始

2 最后加入奶油，高速将奶油打入面团中。

1 除了奶油，将配方材料依序放入钢盆中，启动搅拌器搅拌。

3 取一小块面团用两手撑开，若能拉出薄膜，表示面团搅打完成。

4 将搅打好的面团静置 60 分钟，进行第一次发酵。

5 将第一次发酵完成的面团分割，用刮板分割成重量相等的两个面团。

6 将分割好的面团进行滚圆。

8 将第二次发酵完成的面团，稍微压扁后，双手握住擀面杖两端，向面团中间压入。先将擀面杖往上方滚，将面团向上推开。再将擀面杖往下滚，将面团向下推开即完成。

7 让面团静置，进入第二次发酵约 30 分钟。

9 将双手鼓起，用指尖将面团由上而下卷起。

13 当面团发酵到模具高度的 7 分高，代表面团最后发酵完成。

10 持续向下卷到面团最底端，收口。将最底部压薄一点就可以轻松粘贴收口。

14 盖上盖子，送入烤箱烘烤。

11 将另一个面团也用同样的方式卷好。

15 将吐司模具拿出烤箱，向下倾斜 30°角，轻轻将吐司扣出。

12 将两个面团放入加盖吐司模具里面，等待最后发酵。

要点

吐司模具需要事先刷上油吗？

以前为了避免面包粘黏在模具上，会在模具表面刷上一层油，但是现在制作模具的技术和材质都非常好，已经不需要这一步骤，烤好的吐司也不会发生粘黏。

变化款

全麦
吐司

健康养生的
超软吐司

材料			参考数据				
NIPPN 高筋面粉	350g		发酵箱温 / 湿度	28℃ / 75%		中间发酵	30 分钟
全麦面粉	150g		搅拌后温度	26℃		最后发酵	模型高度的 7 分高
细砂糖	5g		基本发酵	60 分钟		烘焙温度	上火 210℃
纽西兰海盐	11g		翻面	无须翻面			下火 210℃
Isigny 无盐奶油	10g		分割重量	225g/ 团		烘焙时间	35 ~ 40 分钟
牛奶	300g						
燕子牌即发酵母	7g						

❶ 除了奶油，将配方材料依序放入钢盆中，启动搅拌器搅拌。

❷ 最后加入奶油，用高速将奶油打入面团中。

❸ 目测面团表面是否光滑不粘钢盆，取一小块面团用两手撑开，若能拉出薄膜，表示面团搅打完成。

❹ 将搅拌完成的面团静置 60 分钟，进行第一次发酵。

❺ 将第一次发酵完成的面团分割，用刮板分割成重量约 225g 的面团。

❻ 将分割好的面团进行滚圆。

❼ 让面团静置，进入第二次发酵，约 30 分钟。

❽ 将第二次发酵完成的面团，稍微压扁后，双手握住擀面杖两端，向面团中间压入。

❾ 先将擀面杖往上方滚，将面团向上推开。

❿ 再将擀面杖往下方滚，将面团向下推开。

⓫ 将双手鼓起，用指尖将面团由上而下卷起。

⓬ 持续向下卷到面团最底端，收口。将另一个面团也用同样的方式卷好。

⓭ 将两个面团放入吐司模具里面，等待最后发酵。

⓮ 当面团膨胀到模具高度的 7 分高，代表面团最后发酵完成。将吐司送入烤箱烘烤。

⓯ 将吐司模具拿出烤箱，向下倾斜 30° 角，轻轻将吐司扣出。

变化款

咖啡核果
吐司

咖啡浓郁的香气，搭配天然核果的清香，让吐司更具口感和美味

使用特殊模具，烤出表面带有条纹的吐司

材料	基础面团材料		参考数据				
	NIPPN 高筋面粉 500g	水 200g		发酵箱温 / 湿度	28℃ / 80%	中间发酵	30 分钟
	细砂糖 50g	燕子牌即发酵母 ...7g		搅拌后温度	26℃	最后发酵	模型高度的 7 分高
	纽西兰海盐 6g	配料		基本发酵	60 分钟	烘焙温度	上火 180℃
	蜂蜜 40g	咖啡液 15g		翻 面	无须翻面		下火 200℃
	Isigny 无盐奶油......50g	咖啡粉 15g		分割重量	250g/ 团	烘焙时间	35 ~ 40 分钟
	全蛋 ....2 个	核桃 100g					

❶ 除了奶油，将基础材料依序放入钢盆中，启动搅拌器搅拌。

❷ 最后加入奶油，以高速将奶油打入面团中。

❸ 目测面团表面是否光滑不粘钢盆，取一小块面团用两手撑开，若能拉出薄膜，表示面团搅拌完成。

❹ 将搅拌完成的面团静置 60 分钟，进行第一次发酵。

❺ 将第一次发酵完成的面团分割，用刮板分割成重量约 250g 的面团。

❻ 将其中一个面团略拍出空气后，依序撒上咖啡粉、核桃，最后倒上咖啡液。

❼ 将另一个发酵好的面团覆盖在步骤 6 面团上方。

❽ 将两个面团充分揉和成一个面团。

❾ 将步骤 8 面团切割、滚圆，进行第二次发酵。

❿ 将步骤 9 发酵好的面团，稍微压平，将擀面杖横置于面团中央，先向上滚动。

⓫ 再将擀面杖向下滚动，使面团呈长条状。

⓬ 将面团由上往下卷起，收口。将另一个面团也用同样的方式卷好。

⓭ 将两个面团放入吐司模具里面，等待最后发酵。

⓮ 面团发酵到模具高度的 7 分高，代表面团最后发酵完成。将吐司送入烤箱烘烤。

⓯ 将吐司模具拿出烤箱，向下倾斜 30° 角，轻轻将吐司扣出。

Chapter
4
完美面包制作配方 这样做不会错！

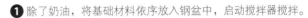

要点

以特殊模具为面包加分

烤这款吐司时，特别使用具有特殊条纹的烤模，如此能让烤出来的吐司表面出现金黄色条纹，呈现经典咖啡的意象。

73

变化款

红豆杏仁卷吐司

浓郁的红豆甜香与清爽的杏仁结合，形成美妙的滋味

❶ 除了奶油，将基础面团材料依序放入钢盆中，启动搅拌器搅拌。

❷ 最后加入奶油，高速将奶油打入面团中。

❸ 取一小块面团用两手撑开，若能拉出薄膜，表示面团搅拌完成。

❹ 将搅拌完成的面团静置60分钟，进行第一次发酵。将第一次发酵完成的面团分割，用刮板分割成重量约250g的面团。

❺ 将发酵好的面团取出，拍出面团里较大的空气，将面团略微压扁，撒上蜜红豆粒。

❻ 将双手于手掌撑开，分别压住面团，将面团前后揉开。

❼ 将面团由下往上折起、翻面。

❽ 重复步骤6和步骤7，直到蜜红豆粒完全均匀分布在面团里。

❾ 将步骤8的面团切割、滚圆，进行第二次发酵。

基础面团材料				
NIPPN 高筋面粉 400g	全蛋 ....1 个			
全脂奶粉 20g	燕子牌即发酵母....6g			
NIPPN 低筋面粉 ... 100g	冰水 260g			
细砂糖 80g	美国细杏仁粉 75g			
纽西兰海盐 6g	**配料**			
Isingy 奶油 100g	蜜红豆粒 15g			

材料

参考数据

发酵箱温 / 湿度	28℃ / 75%	中间发酵	30 分钟
搅拌后温度	26℃	最后发酵	模型高度的 7 分高
基本发酵	60 分钟	烘焙温度	上火 200℃
翻　面	无须翻面		下火 210℃
分割重量	250g/ 团	烘焙时间	35 ~ 40 分钟

⑩ 将发酵好的面团，稍微压平，将擀面杖横置于面团中央，先向上滚动。

⑪ 再将擀面杖向下滚动，使面团形成长条状。

⑫ 将面团由上往下卷起，收口。

⑬ 将另一个面团也用同样的方式卷好。

⑭ 将两个面团放入吐司模具里面，等待最后发酵。

⑮ 当面团发酵到模具高度的 7 分高，代表面团最后发酵完成。

⑯ 用刀子在两个面团表面分别轻轻划上 3 条横线。

⑰ 在面团上刷上鸡蛋液。

⑱ 将吐司送入烤箱烘烤。

⑲ 将吐司模具拿出烤箱，向下倾斜 30° 角，轻轻将吐司扣出。

为什么烤不出表皮呈金黄色的吐司?

要准确掌握烤箱设定的温度和时间

烘烤面团是制作吐司最后、也是最重要的一个步骤,烘烤温度和时间的掌握非常重要。只要面团送进烤箱里开始烘烤,面团里的水分就会随着烘烤的时间变长而减少。因此,烘烤时间如果太长,面团里的水分当然会被烤干,就会使得烤出来的吐司表皮焦黑,又厚又硬。一般面包会烤太久的原因是设定的温度太低,面包一直烤不熟、烤不上色,只好延长烘烤时间。

烤成功的吐司外皮呈现金黄色,略硬,但表皮不厚,内部结构却非常柔软。所以烤吐司的时候一定要特别注意烤箱设定的时间和温度。

烤焦的吐司 　　　　金黄色的吐司

烘烤失败的吐司,表皮颜色焦黑、又厚又硬,内部也比较干涩。

烘烤成功的吐司,表皮颜色呈金黄色,皮的厚度适中,内部比较柔软。

为什么吐司皮上层塌陷?

烤箱温度不均匀,导致上层面团水分过高

刚烤出来的吐司应该是漂亮挺立的长方体,但为什么在家烤出来的吐司却没办法挺立起来? 出现中间凹进去的形状呢?

这主要是因为面团在烤箱中,上层面团水分过高,在烘烤过程中重量不断地往下压,致使烤好后的吐司扁塌、出现中间凹进去的形状。制作好的面团送入烤箱之前,面团的上下水分应该是一致的,但是由于烤箱温度不均匀,才会造成水分上下不同。一般家用小烤箱容易出现这样的状况,是因为家中小烤箱通常下火比较强,而且面团无法四边都均匀受热。要解决这个问题,需要根据经验,一次一次慢慢地调整好烤箱上下火,调到适合烤吐司的温度,就不会烤出上层塌陷、变皱的吐司了。

吐司缩腰 　　切面呈扁塌的方形 　　切面呈完整方形

烤失败的吐司切片后,横切面是扁塌的方形。

烤成功的吐司切片后,横切面是完整挺立的方形。

Q3 A 为什么吐司烤好后内部有气孔？

制作面团时没有拍出内部较大的气泡，容易导致内部气孔过大

　　酵母在面团里进行发酵时，就像是气球进行充气，这个过程会因为各种环境条件因素，而使得面团出现比较大的气体，如果在制作过程中看见这些显而易见的气泡，就需要将里面的空气轻轻压出。

　　基本上面团每一次发酵后，进行下一步骤之前，都要先留意将这些空气压出。第一次和第二次如果忽略了这个动作，基本上还不会影响烤出来的吐司，但最后一次发酵前的成形，一定要注意将面团里较大气泡的空气轻拍出来，这样烤出来的面包气孔就会均匀，而不会出现比较大的气孔。

NG

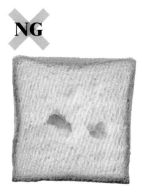

烤失败的吐司横切面，可以看出较大的气孔，这就是成形时没有将面团里较大的空气压出来的结果。

OK

烤成功的吐司横切面，可以看出气孔分布均匀。

将吐司面团空气压出的注意步骤　开始

将第二次发酵完成的面团拉长。

鼓起手掌，拍出面团里较大的气泡。

用擀面杖压住面团，向上滚平。

再将擀面杖压住面团，向下滚平。

将面团翻面。

双手四指压住面团顶端，将面团由上而下卷起。

一直向下卷到底，收口。

为什么烤出来的吐司皮又硬又厚?

吐司皮太硬是因为搅拌不够的结果

制作出来的吐司结构是否细致,取决于一开始搅拌面团的过程,一定要把面团搅拌到能拉出薄膜,才算是面团搅拌完成。

吐司能够拉出薄膜,接下来发酵过程所产生的二氧化碳,就会在薄膜和薄膜之间"充气",所以发酵后的面团层次丰富、很有口感。如果搅拌不够,没有拉出薄膜就进行发酵,那么发酵过程所产生的二氧化碳,只能"充气"在较厚的面团之间,层次较少,烤出来的吐司就会较硬,吃起来也没有口感。

因此,要解决吐司又硬又厚的问题,就要充分地将面团搅拌均匀,直到面团能拉出薄膜,再进行第一次发酵。

将面团充分搅拌均匀。

制作成功的吐司横切面,吐司皮结构比较细致,吃起来柔软、层次丰富。

可取出一小块面团,看是否能拉出薄膜,如果可以,代表搅拌完成,可以进行第一次发酵。如果不能拉出薄膜,就必须继续进行搅拌。

制作失败的吐司横切面,吐司皮结构比较粗糙皮较厚,吃起来也比较硬,也没有什么层次。

薄膜拉筋

面团搅拌不足,不能拉出薄膜。

断筋

面团搅拌过度,导致断筋。

面团搅拌足够,可以拉出薄膜。

用面包机制作吐司的优点是材料自己能掌握，吃得安心，但自家制作的吐司跟外面买来的比起来会更硬，也比较没有口感，这是因为目前市面上的面包机，在搅拌过程中都不能做到拉出薄膜的状态。因为搅拌面团直到能拉出薄膜，需要功率比较大的电机，必须用专业的面团搅拌机才能做到。

NG

为什么烤出来的吐司坚果掉了一堆？

制作时要让坚果均匀地分布在面团里面

烤好的咖啡核桃吐司核桃掉落。

制作咖啡核桃吐司和红豆杏仁卷吐司时，因为红豆和核桃都是颗粒状，不能完全和面团揉和在一起，因此需要靠面团的黏着性吸附这些颗粒状的馅料。如果没有让这些馅料均匀地分布在面团，烘烤后吐司中的馅料和坚果很容易掉下来。

解决方法

将核桃、咖啡粉和咖啡液，均匀放置于发酵好的面团中央位置，再进行揉面的动作。

使坚果不掉出来的几个重点

❶ 面团发酵完成后，放入坚果，要置于面团的正中心点。

❷ 放置好坚果后，要将面团充分揉和，使坚果均匀地分布在面团当中。

除了以上两个重点之外，将面团搅拌至能拉出薄膜也是非常重要的。面团能搅拌至拉出薄膜，就会很有层次，可以一层一层细密地包覆住坚果，使烤好的吐司坚果不易掉落。

要点！ 使用加盖吐司模具和不加盖吐司模具有什么差别？

吐司模具有加盖和不加盖两种，不加盖模具烤出来的吐司是所谓的山形吐司，口感较自然蓬松。一般我们买到的吐司是表面平整的方形吐司，使用的是加盖模具，让吐司在烘烤时定型，口感较扎实，制作白吐司较常使用加盖模具。

原味
菠萝包

大人小孩都爱吃的
经典款面包

材料

基础面团材料

NIPPN 高筋面粉 ... 500g	全蛋 75g
细砂糖 85g	燕子牌即发酵母 5g
蜂蜜 25g	牛奶 250g
纽西兰海盐 5g	Isigny 无盐奶油 ... 50g
全脂奶粉 10g	

菠萝皮材料

糖粉 180g	全蛋 90g
Isigny 无盐奶油 .. 180g	NIPPN 高筋面粉 80g

参考数据

发酵箱温 / 湿度	28℃ / 80%	中间发酵	30 分钟
搅拌后温度	26℃	最后发酵	40 分钟
基本发酵	60 分钟	烘焙温度	上火 180℃
翻　　面	无须翻面		下火 170℃
分割重量	80g	烘焙时间	18 ~ 20 分钟

1 将所有基础面团材料放入钢盆中搅拌。将搅拌好的基础面团放置 60 分钟，进行第一次发酵。

4 在无盐奶油上撒上 180g 糖粉。

2 将步骤 1 的面团分割、滚圆，进行第二次发酵 30 分钟。

5 用刮板贴住桌面，将步骤 4 刮起拌匀，再加入全蛋和高筋面粉，拌匀。

菠萝皮制作

3 将软化的无盐奶油，用刮板切出 180g。

6 重复步骤 5，揉捏成团。

7 　菠萝皮制作完成。

9 　进行最后发酵。

将面团
和菠萝
皮结合

8 　将菠萝皮分等份，把步骤2分别包入
　菠萝皮中。

10 　在步骤9的表面刷上蛋液。即可放入
　　烤箱烘烤。

\ 要点 /

菠萝皮做好可以冷藏发酵，烤出来比较脆。

变化款

巧克力
菠萝包

甜味奶香搭配
苦甜巧克力的无穷魅力

材料

基础面团材料	菠萝皮材料
NIPPN 高筋面粉 ...470g	糖粉 180g
纽西兰海盐 4g	Isigny 无盐奶油 ..180g
燕子牌即发酵母 5g	全蛋 90g
牛奶 240g	法芙娜纯可可粉 30g
蜂蜜 25g	NIPPN 高筋面粉 50g
细砂糖 85g	
Isigny 无盐奶油 50g	
全脂奶粉 12g	
全蛋 75g	

参考数据

发酵箱温 / 湿度	28℃ / 75%	中间发酵	20 分钟
搅拌后温度	26℃	最后发酵	30 分钟
基本发酵	60 分钟	烘焙温度	上火 200℃
翻 面	无须翻面		下火 170℃
分割重量	60g	烘焙时间	18 ~ 20 分钟

菠萝皮制作

❶ 将所有基础面团材料放入钢盆中搅拌。将搅拌好的基础面团放置 60 分钟,进行第一次发酵。

❷ 将步骤 1 面团分割,滚圆,进行第二次发酵。

❸ 将无盐奶油、糖粉、全蛋搅拌均匀后,移至桌面上,倒入法芙娜纯可可粉。

❹ 用刮板贴住桌面,将步骤 3 一起刮起拌匀。

❺ 将步骤 4 用手指按压,使所有材料充分融合。

❻ 撒上高筋面粉,继续用刮板将面团搅拌均匀。

❼ 巧克力菠萝皮制作完成,分等份备用。

❽ 将步骤 2 包入步骤 7 里面。

❾ 将结合后的面团静置 30 分钟发酵。

❿ 在步骤 9 的表面刷上蛋液。即可送入烤箱烘烤。

将面团和菠萝皮结合

完成

\ **要点** /

制作出好吃的巧克力菠萝包秘诀

巧克力菠萝包要做得好吃、风味独特，重点还是在于材料的选择，加入的巧克力粉越好，做出来的巧克力菠萝包就会越好吃。我在这个配方所选用的是世界上顶级的巧克力粉原料——法芙娜纯可可粉，它的单价很高，也不容易买到，但是使用它来制作巧克力菠萝包，却能让简单的巧克力风味，提升到经典鉴赏的层次，推荐爱好烘焙面包的人使用。

奶酥
菠萝包

包着内馅浓郁的奶甜香，让吃面包变成一种探索幸福的体验

基础面团材料	菠萝皮材料	奶酥馅材料	参考数据	
NIPPN 高筋面粉 ... 500g	糖粉 180g	Isigny 无盐奶油 98g	发酵箱温 / 湿度	28℃ / 80%
细砂糖 85g	Isigny 无盐奶油..180g	全蛋 ....1/2 颗	搅拌后温度	26℃
蜂蜜 25g	全蛋 90g	全脂奶粉 138g	基本发酵	60 分钟
纽西兰海盐..........5g	NIPPN 高筋面粉..80g	水 10g	翻　面	无须翻面
全脂奶粉 10g	蛋液 ....适量	糖粉 55g	分割重量	60g
全蛋 75g		纽西兰海盐..........1g	中间发酵	20 分钟
燕子牌即发酵母 5g			最后发酵	30 分钟
牛奶 250g			烘焙温度	上火 170℃
Isigny 无盐奶油 50g				下火 160℃
			烘焙时间	18 ~ 20 分钟

四指内缩

开始

❶ 将所有基础面团材料放入钢盆中搅拌。将搅拌好的基础面团放置 60 分钟，进行第一次发酵。

❷ 将步骤 1 的面团分割、滚圆，进行第二次发酵。

菠萝皮制作

❸ 将软化的无盐奶油，用刮板切出 180g。

❹ 在无盐奶油上撒上 180g 糖粉。

❺ 用刮板贴住桌面，将步骤 4 刮起拌匀，再加入全蛋、高筋面粉，拌匀。

❻ 重复步骤 5，揉捏成团，菠萝皮即制作完成。

❼ 将菠萝皮分等份备用。

奶酥馅制作

❽ 将奶酥馅的材料糖粉、海盐、奶油、水放入钢盆中，用打蛋器搅拌均匀。

❾ 将蛋液分次倒入步骤 8 的盆中，一起拌匀后，再加入奶粉一起拌匀即可。

馅料包入面团

❿ 取步骤 2 的面团，压平，挖适量奶酥馅平铺在面团上。

⓫ 奶酥面积约为面团的 1/2。

⓬ 用两手的拇指和食指，将面团从四边捏起来。

⓭ 捏紧、收口。

结合完成

⓮ 将步骤 13 分别包入步骤 7 的菠萝皮中。

⓯ 包好奶酥和菠萝皮的面团，放置 30 分钟进行最后发酵。

⓰ 在表面刷上蛋液，即可送入烤箱烘烤。

Chapter 4

完美面包制作配方

这样做不会错！

Q1 A 为什么烤出来的菠萝皮没有裂纹？

菠萝皮面团需要充分打发糖粉与无盐奶油

菠萝皮的制作有点类似饼干，必须将糖粉和无盐奶油一起充分打发，让空气均匀分布在糖粉和无盐奶油当中，才能使面粉充分地包覆在糖粉和无盐奶油中，如此烤好的菠萝皮就会龟裂得很漂亮。相反地，如果糖粉与无盐奶油没有充分打发，则面粉分布在糖粉和无盐奶油中就不均匀，可能某一部分特别集中，结果烤出来的菠萝皮就会龟裂得不均匀或是没有漂亮的裂纹。

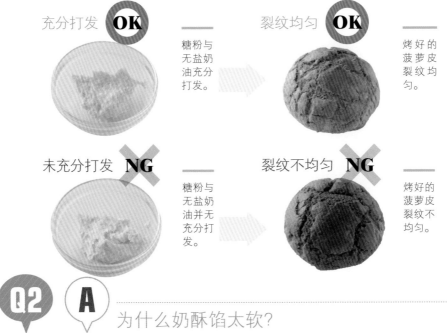

充分打发 **OK**　糖粉与无盐奶油充分打发。

裂纹均匀 **OK**　烤好的菠萝皮裂纹均匀。

未充分打发 **NG**　糖粉与无盐奶油并无充分打发。

裂纹不均匀 **NG**　烤好的菠萝皮裂纹不均匀。

Q2 A 为什么奶酥馅太软？

奶酥馅太软，通常是因为调配材料比例不正确

奶酥馅的硬度靠无盐奶油和粉类调整。如果调配材料时，奶油放得太多或是奶粉太少，那么做出来的奶酥馅就会太软。相反地，若是奶油放得太少或是奶粉放得太多，那么做出来的奶酥馅就会变得比较硬。

解决奶酥馅太软的方法，就是慢慢地在原本的馅料当中，加入适量奶粉，一边加入一边揉和，直到软硬度适中即可。

奶酥馅太软 **NG**　如果奶酥馅放的奶油太多，那么做出来的奶酥馅就会太软。

💡解决方法　解决的方法是慢慢加入适量奶粉，调整奶酥馅的硬度，直到软硬度适中即可。

为什么菠萝包吃起来不够松软？

面团揉得不恰当，没有进行二、三次发酵

烤好的菠萝包如果吃起来不够松软，可能有两个原因。第一个原因就是基础面团搅拌不够，没有搅拌到能拉出薄膜。第二个原因就是面团没有经过第二次和第三次发酵。

在基础面团发酵之后，面团需要经过切割滚圆，再进入第二次发酵，等到面团成形完成之后，则需要进入第三次发酵。经过三次发酵的面团，面团中的空气分布比较均匀，烘烤完成之后，面包膨胀得也比较大且较均匀，这样面包吃起来就会比较松软。如果只有进行一次发酵就切割、滚圆、成形，送入烤箱，则会因为面团发酵得不够均匀，导致烤出来的面包不够松软，也比较小。

三次发酵后的菠萝包大小正常 **OK**

经过完整三次发酵的面团，烤出来的面包比较大、吃起来也比较松软。

一次发酵的菠萝包比较小 **NG**

没有经过第二、第三次发酵的面团，烤出来的面包比较小，也不够松软。

解决方法

用网筛将可可粉和面粉一起过筛，就可以让可可粉和面粉充分混合。

为什么加入可可粉后拌不均匀？

因为颗粒大小不一，不容易混合

若要将可可粉拌入菠萝皮面团中，有可能出现可可粉难以充分融合在面团里的情形。要解决这个问题，可以先将奶油和糖粉一起打发之后备用，再将可可粉和高筋面粉一起用网筛过筛、混合均匀后，一起拌入搅拌好的奶油和糖粉里面，如此菠萝皮面团就比较容易充分融合。

充分混合 **OK**

可可粉和面粉充分混合。

无法充分混合 **NG**

可可粉和面粉无法充分混合。

原味贝果
Bagel

外弹内软，
细嚼麦香四溢的口感

开始

材料		参考数据				
NIPPN 高筋面粉 500g		发酵箱温 / 湿度	28℃/75%		中间发酵	30 分钟
细砂糖 20g		搅拌后温度	26℃		最后发酵	无须后发
纽西兰海盐 7g		基本发酵	60 分钟		烘焙温度	上火 190℃
水 315g		翻 面	无须翻面			下火 170℃
即发酵母 5g		分割重量	60g		烘焙时间	15 ~ 20 分钟

1 将材料放入钢盆充分搅拌后，进行第一次发酵。

4 将步骤 3 切出的面团称重，进行增减。

2 将步骤 1 面团切割、滚圆，进入第二次发酵。

5 将称好的面团揉捏成团，压平。

3 依据制作每一个贝果所需要的面团重量，将步骤 2 面团切出适当分量，每个约 60g。

6 用四指压住面团上方，将面团由上而下往内卷起。

7 延续步骤6卷起，直到最底部收口。

11 双手各拉起面团两端，围成一个圆。

8 将卷好的面团滚成宽度均匀的长条状。

9 将面团其中一边搓尖。

10 将面团另一边压扁。

12 将尖的一头放置于平的一头上方。用食指将尖的一头轻轻推入平的一头，而平的一头则以拇指和食指由下往上推，夹住尖的那一头。

13 用双手的拇指和食指，一起捏住包好的两端。

16 放入糖水中烫 30 秒。用勺子将面团取出。

14 将包好的贝果面团做成圆圈状。

17 最后送入烤箱烘烤。

15 将面团投入煮沸的糖水中。

要点

烫面团让贝果吃起来更有嚼劲

烫面团这个步骤，是为了让贝果吃起来更有嚼劲，同时，也使烤出来的贝果呈现漂亮的金黄色。由于烤上色的过程中需要加糖，因此烫贝果面团的沸水，必须是 1000g 的冷开水兑上 100g 的糖，如此烤出来的贝果颜色才会漂亮，口感才会有嚼劲。

抹茶红豆
贝果

经典日式风味贝果

材料				参考数据					

基础面团材料		配料		参考数据					
NIPPN 高筋面粉........480g		抹茶粉 20g		发酵箱温 / 湿度	28℃ / 75%	中间发酵	30 分钟		
细砂糖.....................20g		蜜红豆粒 50g		搅拌后温度	26℃	最后发酵	无须后发		
纽西兰海盐 7g				基本发酵	60 分钟	烘焙温度	上火 190℃		
水 315g				翻　　面	无须翻面		下火 180℃		
燕子牌即发酵母 3g				分割重量	70g	烘焙时间	15 ～ 20 分钟		

❶ 将基础面团材料放入钢盆充分搅拌后，进行第一次发酵。

❷ 将步骤 1 的面团铺平，撒上抹茶粉。

❸ 放上蜜红豆粒。

❹ 将步骤 3 的面团四面包覆，一手在上、一手在下，将面团充分揉和。

❺ 重复步骤 4，直到使抹茶粉和蜜红豆粒均匀分布在面团当中。

❻ 将步骤 5 面团切割、滚圆，进入第二次发酵。

❼ 依据制作每一个贝果所需要的面团重量，将步骤 6 的面团切出适当分量。

❽ 将步骤 7 切出的面团称重，进行增减。

❾ 将称好的面团揉捏成团，压平。

❿ 用四指压住面团上方，将面团由上而下往内卷起。

⓫ 延续步骤 10 卷起，直到最底部收口。

⓬ 将卷好的面团滚成宽度均匀的长条状。将面团一边搓尖，另一边压扁。

⓭ 双手各拉起面团两端，围成一个圆。

⓮ 将尖的一头放置于平的一头上方。用食指将尖的一头轻轻推入平的一头，而平的一头则以拇指和食指由下往上推，夹住尖的那一头。

⓯ 用双手的拇指和食指，一起捏住包好的两端。

⓰ 将包好的贝果面团成形成圆圈状，投入煮沸的糖水中烫 30 秒。

⓱ 用勺子将面团取出，送入烤箱烘烤 15 ～ 20 分钟。

Chapter
4

完美面包制作配方

这样做不会错！

❶ 将材料放入钢盆充分搅拌后，进行第一次发酵。

❷ 将步骤 1 的面团铺平，撒上黑芝麻粉。

❸ 让黑芝麻粉尽量聚集在面团中央。

❹ 一手用刮板切开面团，另一手揉捏聚合面团，反复这个动作，将黑芝麻粉"撒入"面团中。

❺ 将黑芝麻粉均匀揉入面团当中。

❻ 将步骤 5 的面团切割、滚圆，进行第二次发酵。

❼ 依据制作每一个贝果所需要的面团重量，将面团切成适当分量。

❽ 将步骤 7 切出的面团称重，进行重量的增减。

❾ 将称好的面团揉捏成团，压平。

❿ 用四指压住面团上方，将面团由上而下往内卷起。直到最底部收口。

⓫ 将卷好的面团滚成宽度均匀的长条状。面团其中一边搓尖，另一边压扁。双手各拉起面团两端，围成一个圆。

⓬ 将尖的一头放置于平的一头上方。用食指将尖的一头轻轻推入平的一头，而平的一头则以拇指和食指由下往上推，夹住尖的那一头。

⓭ 用双手的拇指和食指，一起捏住包好的两端。

⓮ 将包好的贝果面团成形成圆圈状，投入煮沸的糖水中烫 30 秒。

⓯ 用勺子将面团取出，送入烤箱烘烤。

香气四溢又兼具养生功能的贝果

变化款

芝麻贝果

材　料	
基础面团材料	
NIPPN 高筋面粉	480g
细砂糖	25g
纽西兰海盐	7g
水	320g
燕子牌即发酵母	4g
配料	
黑芝麻粉	20g

参考数据	
发酵箱温 / 湿度	28℃ / 75%
搅拌后温度	26℃
基本发酵	60 分钟
翻　面	无须翻面
分割重量	70g
中间发酵	30 分钟
最后发酵	无须后发
烘焙温度	上火 190℃
	下火 180℃
烘焙时间	15 ～ 20 分钟

❶ 将材料放入钢盆充分搅拌后，进行第一次发酵。

❷ 将步骤 1 的面团铺平，撒上红茶粉。

❸ 用刮板将步骤 2 的面团切成数块。

❹ 将面团揉捏在一起后，再用刮板切开。

❺ 重复步骤 3 和步骤 4 的动作，直到红茶粉均匀融合在面团中。

❻ 将步骤 5 的面团切割、滚圆，进行第二次发酵。

❼ 依据制作每一个贝果所需要的面团重量，将面团切成适当分量。

❽ 将步骤 7 切出的面团称重，进行重量的增减。

❾ 将称好的面团揉捏成团，压平。

❿ 用四指压住面团上方，将面团由上而下往内卷起。直到最底部收口。

⓫ 将卷好的面团滚成宽度均匀的长条状。面团其中一边搓尖，另一边压扁。双手各拉起面团两端，围成一个圆。

⓬ 将尖的一头放置于平的一头上方。用食指将尖的一头轻轻推入平的一头，而平的一头则以拇指和食指由下往上推，夹住尖的那一头。

⓭ 用双手的拇指和食指，一起捏住包好的两端。

⓮ 将包好的贝果面团成形成圆圈状。投入煮沸的糖水中烫 30 秒。

⓯ 用勺子将面团取出，送入烤箱烘烤。

充满清新茶香的
芬芳贝果

变化款

伯爵红茶贝果

2
3
4
5
6

材　料		
基础面团材料		
NIPPN 高筋面粉		480g
细砂糖		20g
纽西兰海盐		7g
水		315g
燕子牌即发酵母		3g
配料		
红茶粉		20g

参考数据

发酵箱温度 / 湿度	28℃ / 75%
搅拌后温度	26℃
基本发酵	60 分钟
翻　面	无须翻面
分割重量	70g
中间发酵	30 分钟
最后发酵	无须后发
烘焙温度	上火 190℃
	下火 170℃
烘焙时间	15 ~ 20 分钟

为什么烤出来的贝果表面都皱皱的？

有可能是烫面团的时间太久

制作贝果最特别的一个步骤，就是烘烤贝果前，需要将面团放入沸腾的糖水中烫一下，这个动作是为了快速收缩面团表面的毛细孔，让面团变得紧实有弹性，如此烤出来的贝果就会像在市面上买的一样，吃起来香甜有弹性。

但是烫面团的动作反而是容易造成制作贝果失败的原因，这是因为有些人没有拿捏好烫面团的时间，让面团浸泡在沸水里太久了，使得面团吸收太多湿气，如此烤出来的贝果表面就会皱皱的。

烫面团只要将面团投入沸水中烫约 30 秒即可取出，这样的面团烤出来的贝果最好吃。

贝果皮皱皱的

光滑的贝果

因为烫的时间太久，结果烤出来的贝果表面会皱皱的。

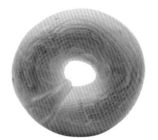

烫的时间刚刚好。

烤出来的贝果为什么硬得像石头？

贝果烘烤的时间和温度不对

有些贝果烤出来非常硬实，像石头一样很难咬下去，这是因为贝果面团表面已经用沸水烫过了，结构比较紧实，所以烘烤时间和温度如果没有特别注意，烤得太久或是温度太高，就很容易把贝果烤得像石头一样硬。

解决的方法是，要依照配方所设定的烤箱温度和时间进行烘烤。但因为面团在不同烤箱受热程度不同，因此还需要依照自家烤箱烘烤的结果，每次进行记录与微调，直到调整到烘烤出口感软硬适中的贝果。

底部烤焦
口感较硬

底部金黄色
口感嚼劲十足

烘烤失败的贝果，底部颜色呈深褐色，体积也较小，口感较硬。

烘烤成功的贝果背面，底部颜色呈金黄色，口感扎实，有嚼劲。

贝果为什么吃起来没嚼劲？

面团中间发酵时间太久或是没有烫面团

贝果和其他面包的区别，一般软式面包吃其蓬松柔软的口感，而贝果是吃其香气与嚼劲，所以贝果中间发酵的时间不能太久，以免面团发酵得太蓬松而失去嚼劲。

贝果面团中间发酵后，需要放入糖水中烫一下，快速收缩面团表面毛细孔、使面团定型，同时也可以让烤好的贝果吃起来有嚼劲。如果缺少这一道程序，烤好的贝果就会缺乏弹性。烤成功的贝果横切面切开，会看见发酵孔洞大小适中平均，而烤失败的贝果，不是发酵孔洞太大，就是孔洞分布不平均，这样的贝果吃起来都没有嚼劲。

发酵过头，体积太大

孔洞较大 NG

孔洞分布小而密

制作失败的贝果，体积比正常贝果大一点。

制作失败的贝果，内部孔洞比较大且分布不均匀。

制作成功的贝果，内部孔洞比较小，分布均匀。

烤完后的贝果为什么衔接处会散开？

面团成形时没有捏紧，导致接缝处裂开

贝果圆圈面团的成形，是以一条长条状的面团两端衔接在一起而完成的，因此成形时，将两端衔接好捏紧非常重要，如果两端没有捏紧，那么经过烘烤后水分蒸发，接缝处很容易裂开。将长条形面团整成圆圈状时，记得一端要捏尖，另一端要压扁，才能切实用扁的一端将尖的一端包覆进去；此外，捏紧的动作也要切实，这样烤好的贝果就不会散开了。

贝果两端衔接完整 OK

贝果面团成形时切实将两端衔接好。

贝果两端没有接好 NG

贝果面团成形时，两端没有衔接好，开口处没有捏紧。

贝果烤后裂开 NG

衔接处会裂开。

解决方法

贝果面团成形时，检查开口处是否捏紧。

Chapter 4 完美面包制作配方 这样做不会错！

99

法式长棍
面包

外酥内软的经典
法式长棍面包

材料			参考数据				
法国T-65高筋面粉	450g		发酵箱温 / 湿度	28℃ / 75%		中间发酵	无须中发
NIPPN 低筋面粉	50g		搅拌后温度	26℃		最后发酵	20 分钟
燕子牌即发酵母	4g		基本发酵	90 分钟		烘焙温度	上火 210℃
纽西兰海盐	8g		翻 面	20 分钟			下火 210℃
冰水	360g		分割重量	300g		烘焙时间	25 ~ 30 分钟
蜂蜜	适量						

1 将所有材料放入钢盆中搅拌至能拉出薄膜后，进行第一次发酵。发酵中间需要翻面一次，让面团发酵更均匀。

300g

开始

4 将切好的面团放在秤上，加减面量至达到需要的重量。

90 min

2 面团第一次发酵完成。

5 将步骤 4 的面团整成粗长条状。

3 将步骤 2 的面团切成适当大小。

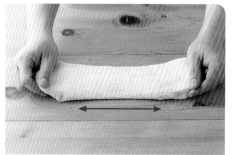

6 将大拇指压住步骤 5 的面团左右两端上方，其余四指扶住面团下方，将面团左右拉长。

7 将步骤6的面团两端向上往中间折起。

9 将面团翻面。

10 双手捏住面团，将面团两端向上往中间折起。

11 一手捏住面团，另一手掌心压住对折面团，由右到左轻轻压平，将空气挤出。

8 将面团两端往中间折起后，用手掌的力量，轻轻压平，将空气挤出。

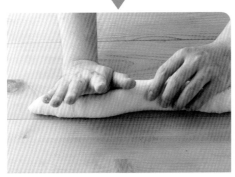

12 接着将对折的部分慢慢收口。

13 将面团收口的部分捏紧。

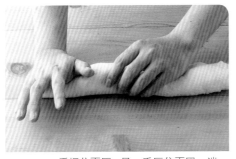

14 一手握住面团，另一手压住面团一端，用掌心搓成尖状。

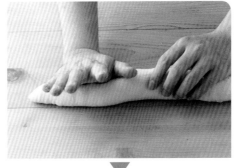

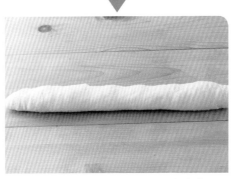

15 将掌心由尖端慢慢向中心点移动，一边滚动面团，直到面团另一端。

16 将双手分别放置于长条面团两端，前后滚动，将面团滚长。

17 双手置于面团中央，由中间往两边滚，滚至面团厚度适中即可。

18 面团滚成长形，进行最后发酵。

19 在成形发酵完成的面团上，撒上高筋面粉。

20 用刀子在面团上划上斜线。

21 划线下刀的角度应为斜角，不能垂直下刀。

22 预热烤箱，使用蒸汽烤法，将完成的面团送入烤箱烘烤。

要点

必须使用蒸汽烤法，烤出来的法国长棍面包表皮才会香脆。

法国长棍面包的历史

　　法国长棍面包又称为魔杖或棍子面包，100多年前法国对于这款面包制订了一定的规格，长度必须为70cm左右，而且表皮一定要烤得金黄香脆，才能称之为长棍面包。在法国，长棍面包是巴黎的象征。

　　一开始长棍面包发展于工业时代，当时的面包多为圆球状，后来面包师傅发现将面包做出长形，更适合放入方形的烤窑里面，而且这样一次可以烤出更多面包，提高产能，从此以后，长棍面包便大受欢迎。

变化款

麦穗
面包

充满法式田园
风味的面包

材料 参考数据

材料		参考数据			
法国T-65高筋面粉	500g	发酵箱温/湿度	28℃ / 75%	中间发酵	无须中发
水	325g	搅拌后温度	26℃	最后发酵	20分钟
燕子牌即发酵母	3g	基本发酵	90分钟	烘焙温度	上火210℃
皇家麦芽精	2g	翻 面	20分钟		下火200℃
纽西兰海盐	10g	分割重量	180g	烘焙时间	25～30分钟

❶ 将所有材料放入钢盆中，搅拌至能拉出薄膜后，进行第一次发酵。

❷ 发酵中间需要翻面一次，让面团发酵更均匀。

❸ 将步骤2的面团切出适当大小，放在秤上加减面团至需要的重量。

❹ 将步骤3的面团整成粗长条状。

❺ 将大拇指压住步骤4的面团的左右两端上方，其余四指扶住面团下方，将面团左右拉长。

❻ 将步骤5的面团两端向上往中间折起。

❼ 面团折起后用手掌的力量，轻轻压平，挤压出空气。

❽ 翻面，面团两端向上往中间折起。

❾ 一手捏住面团，另一手掌心压住对折面团，由右到左轻轻压平，将空气挤出。

❿ 接着将对折的部分慢慢收口，将面团收口的部分捏紧。

⓫ 一手握住面团，另一手压住面团一端，用掌心搓成尖状。

⓬ 将掌心由尖端慢慢向中心点移动，滚动面团，直到面团另一端。

⓭ 将双手分别放置在长条面团的两端，前后滚动，将面团滚长。

⓮ 在面团顶端下方约4cm的位置，用剪刀斜剪开，但不要剪断。

⓯ 将剪开的部分往外拉出。

⓰ 剪刀继续向下移动约2cm，斜剪开面团，将剪开后的面团往另一边拉出。

⓱ 由上而下，重复将面团"剪开""拉出"的步骤。

⓲ 每一层剪开的面团，一左一右往不同方向拉出。

⓳ 成形完成后的面团，看起来如稻穗，静置20分钟等待最后发酵，烘烤25～30分钟即成。

法式短棍面包

皮脆的法式短棍，
越嚼越好吃！

材料			参考数据			
	法国T-65高筋面粉	450g	发酵箱温/湿度	28℃/75%	中间发酵	无须中发
	NIPPN 低筋面粉	50g	搅拌后温度	26℃	最后发酵	20分钟
	水	320g	基本发酵	90分钟	烘焙温度	上火200℃
	燕子牌即发酵母	4g	翻面	20分钟		下火200℃
	皇家麦芽精	2g	分割重量	150g	烘焙时间	20~25分钟
	纽西兰海盐	10g				

❶ 将所有材料放入钢盆中，搅拌至能拉出薄膜后，进行第一次发酵。

❷ 发酵中间需要翻面一次，让面团发酵更均匀。

❸ 将步骤2的面团切成适当大小。

❹ 将切出的面团放在秤上，加减面量至需要的重量。

❺ 将步骤4的面团整成粗长条状。

❻ 将大拇指压住步骤5的面团左右两端上方，其余四指扶住面团下方，将面团左右拉长。

❼ 将步骤6的面团两端向上往中间折起。

❽ 将步骤7的面团折起后，用手掌的力量轻轻压平，挤出空气。

❾ 翻面，面团两端向上往中间折起。

❿ 一手捏住面团，另一手掌心压住对折面团，由右到左轻轻压平，将空气挤出。

⓫ 接着将对折的部分慢慢收口，将面团收口的部分捏紧。

⓬ 一手握住面团，另一手压住面团一端，用掌心搓成尖状。

⓭ 将掌心由尖端慢慢向中心点移动，滚动面团，直到面团另一端。

⓮ 将双手分别放置在长条面团的两端，前后滚动，将面团滚长。

⓯ 将面团两端搓尖，成形完整，进行最后发酵。

⓰ 用刀子在面团表面斜划出线条。

⓱ 将划好线条的面团一根一根送入烤箱烘烤。

蒸汽烤法

师傅将面团送入烤箱后，烤箱瞬间喷发蒸汽在面团上，随即高温烘烤，如此烤出来的法式面包表皮就会酥脆。

为什么做出来的法式面包是松软的不是酥脆的？

法式面包表皮吃起来酥脆，是因为使用了蒸汽烤法

　　烘烤法式面包有专用烤箱，这种烤箱的特点是以"蒸汽烤法"烘烤面包。成功烤出来的法式面包表皮必须是酥脆的，而这种酥脆的表皮，必须透过瞬间喷出蒸汽，再进行高温烘烤的过程才烤得出来。一般家用小烤箱无法以蒸汽烤法烘烤，所以烤出来的法式面包，表皮比较松软。

口感松软 **NG**

烤失败的法式长棍面包，外观看起来较扁，表皮略焦黑，而且没有裂痕。

口感酥脆 **OK**

成功的法式长棍面包，外观看起来蓬松，表皮呈金黄色，有微微的裂痕，吃起来酥脆。

要点！ 法式面包会唱歌

想知道烤出来的法式面包是否成功？只要听声音就知道了，因为成功的法式面包是会唱歌的。将烤好的法式面包拿在手上，贴近耳朵，稍微用手轻压面包，可以听到面包发出酥脆的声音。

如果家里的烤箱没有蒸汽功能怎么办？

可以在烤箱里喷洒一些水

　　烘烤法式面包需要专业的烤箱，只有专业制作面包的饭店或面包店才会添购这种烤箱。一般我们自家用的小烤箱无法烘烤出法式面包。

　　但是可以依据法式面包"蒸汽烤法"的原理，自己DIY用家用烤箱来烤法式面包。首先将烤箱预热之后，将法式面包面团送入烤箱，接着在烤箱里喷洒水，制造出高温蒸汽。

　　用这个方法也能成功烤出法式面包，但不建议经常使用，因为这样做很容易烧坏烤箱。

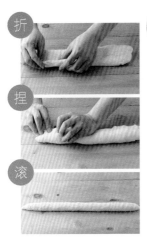

折

捏

滚

为什么烘烤后法棍的切面气孔很少？

成形过程破坏了气孔分布

面包气孔的形成，是来自于面团发酵过程产生的二氧化碳。面团到成形之前已经有两次发酵过程，内部空气分布得很均匀，但是接下来成形时的不适当，却往往破坏了这些气孔的分布。

法式面包成形过程比较复杂，需要折、捏、滚，过程中不能太用力挤压面团，否则经过一次又一次的挤压，就会把面团里发酵好的气孔破坏掉，这样烤出来的法式面包气孔会变得很少，影响口感。

气孔少 **NG**

制作失败的法式面包，气孔大小不一，分布也不均匀，而且比较扁。

气孔适中 **OK**

制作成功的法式面包，气孔大小一致，分布均匀，而且膨胀得比较大。

为什么烤出来的法棍切面气孔很大？

切面气孔太大是因为发酵过度

法式面包在经过发酵后开始成形，而成形过程中，面团是持续在发酵的，可以想象它像气球一样持续在充气。

初学者不熟悉成形过程，往往需要耗费较多时间才能将面团成形好，结果成形好之后，面团已经过度发酵，导致烤好之后，切面气孔就变得很大。

要解决这个问题，就需要练习掌握成形的时间，避免成形时耗费过多时间。也可以不必等待所有面团都成形完成再送入烤箱，可以将成形好的面团先送入烤箱烘烤，这样就可以避免面团发酵过度。

气孔大 **NG**

制作失败的法式面包，会有特别大的气孔，那是因为成形时间没有掌握好，使得面团过度发酵。

气孔大小适中 **OK**

制作成功的法式面包，气孔大小适中，分布均匀。

布里欧
Brioche

柔软香甜的
面包

发酵箱温 / 湿度	28℃ / 75%	中间发酵	无须中发
搅拌后温度	26℃	最后发酵	30 分钟
基本发酵	60 分钟	烘焙温度	上火 190℃
翻　面	无须翻面		下火 180℃
分割重量	100g	烘焙时间	25 ~ 28 分钟

材料
NIPPN 高筋面粉 ... 500g
细砂糖 60g
纽西兰海盐 10g
燕子牌即发酵母 5g
全蛋 175g

Isigny 无盐奶油 ...175g
牛奶 175g
贝礼诗奶酒 25g

参考数据

1 将所有材料放入钢盆中，搅拌至面团能拉出薄膜，静置 60 分钟进行基本发酵。

开始

4 擀面杖轻轻地向上滚动，将面团擀平。

分割、
滚圆再拉
长

2 将面团分割成 2 个，分别滚圆，拉长。

5 擀面杖轻轻地向下滚动。

3 将擀面杖放置在面团中心。

6 将步骤 5 的面团左右拉开。

7 双手四指压住面团最上方，将面团由上而下卷起。

最后发酵

30 min

11 等待面团最后发酵。

8 一直向下卷到最底端，收口。

直刷蛋液

12 在面团表面刷上蛋液。

9 将步骤8的面团滚成长条状。

13 用成形刀在面团表面斜划上3刀。

10 将面团放入模具里。

14 面团划线完成，即可送入烤箱烘烤。

香橙
布里欧

清爽橙香与浓郁奶香，
是绝妙搭配的好滋味

基础面团材料

NIPPN 高筋面粉 400g	燕子牌即发酵母 5g
NIPPN 低筋面粉 100g	全蛋 175g
细砂糖 60g	Isigny 无盐奶油 .180g
纽西兰海盐 10g	牛奶 200g

配料

意大利橙皮丁 100g	君度康图橙酒 50g

发酵箱温/湿度	28℃ / 75%	中间发酵	无须中发
搅拌后温度	26℃	最后发酵	30 分钟
基本发酵	60 分钟	烘焙温度	上火 190℃
翻 面	无须翻面		下火 170℃
分割重量	80g	烘焙时间	20 ~ 26 分钟

❶ 将面团材料放入钢盆中，搅拌至面团能拉出薄膜，静置 60 分钟进行基本发酵。

❷ 将步骤 1 的面团压平，将浸泡过君度康图橙酒的意大利橙皮丁均匀地撒在面团上面，揉捏面团，使橙皮丁均匀地分布在面团当中。

❸ 将步骤 2 的面团切割、滚圆。

❹ 将步骤 3 的面团分别搓成长条状。

❺ 将步骤 4 的面团圈起来。

❻ 一端在上，另一端在下。

❼ 将上端向下套入面团圈中。

❽ 成形完成。

❾ 将面团静置，进行最后发酵。

❿ 在面团上刷上蛋液，送入烤箱烘烤。

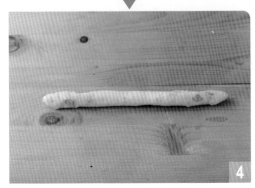

30 min

5

6

7

8

9

10

完成

变化款

霜降奶油
布里欧

松软奶香的
幸福感甜面包

材料		参考数据			
NIPPN 高筋面粉 500g	Isigny 无盐奶油 ..175g	发酵箱温/湿度	28℃ / 75%	中间发酵	无须中发
细砂糖 60g	牛奶 175g	搅拌后温度	26℃	最后发酵	30 分钟
纽西兰海盐 10g	卡士达馅 100g	基本发酵	60 分钟	烘焙温度	上火 190℃
燕子牌即发酵母 5g	蛋液 .... 适量	翻 面	无须翻面		下火 180℃
全蛋 175g		分割重量	100g	烘焙时间	18 ~ 23 分钟

❶ 将所有材料放入钢盆中，搅拌至面团能拉出薄膜，静置 60 分钟进行基本发酵。

❷ 将面团分割、滚圆。

❸ 将步骤 2 的面团压平、拉长。

❹ 双手四指压住面团最上方，将面团由上而下卷起，一直向下卷到最底端，收口。

❺ 卷好面团。

❻ 将步骤 5 的面团静置，等待最后发酵完成。

❼ 面团最后发酵完成后，在表面刷上蛋液，即可送入烤箱烘烤 18 ~ 23 分钟。

Chapter
4

完美面包制作配方

这样做不会错！

芝士海鲜布里欧

香甜柔软的布里欧面包含有浓郁的海鲜味

材料			参考数据				
基础面团材料			发酵箱温 / 湿度	28℃ / 75%	中间发酵	无须中发	
NIPPN 高筋面粉 500g	牛奶 200g		搅拌后温度	26℃	最后发酵	30 分钟	
细砂糖 60g			基本发酵	60 分钟	烘焙温度	上火 200℃	
纽西兰海盐...........10g	**配料**		翻 面	无须翻面		下火 180℃	
燕子牌即发酵母......5g	鲜虾烫熟 ....4 只		分割重量	120g	烘焙时间	23 ~ 28 分钟	
全蛋 175g	芝士片 ....适量						
Isigny 无盐奶油..180g							

① 将面团材料放入钢盆中，搅拌至面团能拉出薄膜，静置 60 分钟进行基本发酵。

② 将面团分割、滚圆。

③ 将步骤 2 的面团静置，等待最后发酵。

④ 在步骤 3 的面团上刷上蛋液，送入烤箱烘烤。

⑤ 烘烤完成的布里欧面包。

⑥ 用面包刀从布里欧面包中间横切剖开。

⑦ 放上 2 片芝士。

⑧ 放上清烫鲜虾 4 只，即完成。也可加入生菜和番茄，为营养加分。

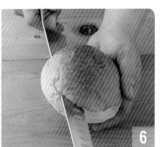

完成

搅拌成功的
布里欧面团

为什么布里欧面团无法成团？

油脂含量较高，不易成团

搅拌布里欧面团

搅拌布里欧面团时，最常见的问题就是：面团搅拌了一段时间之后，还是不能成团这是为什么呢？因为布里欧这种又软又香的面包，配方里加入的奶油比例较高，和面包里其他液体配方不容易融合，因此必须要透过慢速搅拌，才能让面团其他材料，慢慢地将油脂均匀融入，待油脂完全与其他材料结合之后，面团自然能成团，而不会散散的不能成团。

搅拌失败的
布里欧面团

为什么布里欧很难成形？

因为布里欧的面团比较软，较难成形

布里欧面团和其他面包面团最大的不同之处，就是布里欧面团香浓柔软的口感，由于大量使用了奶油和牛奶，因此搅拌成团后面团会比较柔软、黏手。因为具有这个特质，所以成形的时候比较难施力，面团在成形过程容易塌腰。

要改善这个问题，就是要加快成形速度，使面团能够快速定型，以免塌掉。另一个方式是在成形过程中，加入一点手粉（高粉），避免粘黏，可让面团稍微硬一点。这两种方法都有助于布里欧面团在成形时更顺利。

💡解决方法

开始

如果面团太软不好成形，可以在面团上撒上一点手粉。

再将面团聚合在一起。

然后将面团滚圆。

吃粉

将手粉揉捏在面团里，用双手将面团撑开。

最后成团。

为什么烤好的布里欧容易塌腰？

面团比较湿润，需要足够的烘烤时间和烘烤温度

布里欧面团比较软，湿度较高，因此在烘烤时需要比一般面团更高的温度、较长的时间，才能烤出形状坚挺的布里欧。如果烘烤面团的温度和时间不够，就很容易造成烤好的布里欧面包塌腰，不好看。

要改善这个问题，除了严格遵守配方建议的烤箱时间和温度之外，也要严守配方种类材料的分量。由于家用小烤箱温度容易分布不均匀，而且火力不如大型烤箱足够，所以在家制作布里欧面包时，也需要每次记录温度、时间以及烘烤成果，逐步增减烤布里欧需要的正确温度和时间。

形状失败 **NG**

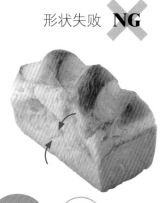

烘烤失败的布里欧面包，腰身塌陷。

形状完整 **OK**

烘烤成功的布里欧面包，形状完整而坚挺。

为什么有时烤起来焦脆，有时却柔软？

烤箱本身火力不稳，容易导致成品不佳

如果依照配方制作布里欧，烤出来的成品却有时焦脆、有时柔软，那么原因可能出在烤箱。

一般家用小烤箱火力不稳定，而且越小型的烤箱火力越不稳定，温度分布也比较不均匀。因此烤箱本身就会影响布里欧成品。

如果每一次烤出来的布里欧成品都不稳定，那么可能要注意是否依照配方建议设定烤箱温度和时间。其次，就是要注意烤箱的加热管是否老旧需要替换？面团放置于烤箱的位置是否导致面团受热不均匀？以上这些问题，都可能使面团烤出来的成品过于焦脆或过于柔软。

烘烤后焦脆 **NG**

烤好的布里欧表面过于焦脆，可能是烤箱温度不稳定造成的。

圣诞面包——
潘娜多妮

缤纷飨宴之
圣诞滋味

基础面团材料		全脂奶粉 10g	
NIPPN 高筋面粉 263g		燕子牌即发酵母 5g	
姜粉 5g		配料	
细砂糖 50g		葡萄干 150g	
纽西兰海盐 4g		蜜渍果干 100g	
牛奶 50g		蔓越莓干 100g	
Isigny 无盐奶油 ... 250g		装饰	
肉桂粉 1g		珍珠糖 .... 适量	
全蛋 .... 1 颗			

材料

参考数据

发酵箱温 / 湿度	28℃ / 75%	中间发酵	30 分钟
搅拌后温度	26℃	最后发酵	15 分钟
基本发酵	60 分钟	烘焙温度	上火 180℃
翻面	无须翻面		下火 160℃
分割重量	30g	烘焙时间	15 ~ 18 分钟

开始

1 将面团材料放入钢盆中，搅拌至能拉出薄膜，静置 60 分钟，进行第一次发酵。

4 配料添加完成。

2 取出发酵好的面团，稍微压平后，在面团上撒上所有配料。

5 拉起面团上方 1/3 的宽度，由上往下折入。

3 用手掌稍微将配料压粘在面团正面。

6 拉起面团下方 1/3 的宽度，由下往上折入。

7 用刮板将面团从中间切割为2个面团。

11 将面团切割、滚圆，放入准备好的彩色烘焙纸模具里，等待第二次发酵。

8 将步骤7的2个面团，再分别从中间切割。

12 表面刷上蛋液。

9 用刮板将步骤8切割好的面团从底部立起。

13 放上珍珠糖。

10 从垂直的方向继续切割面团，再聚合面团，直到将所有馅料均匀地包覆在面团中。

14 静置等待最后发酵完成。

15 烘烤约10分钟后翻面，继续烘烤。

16 转面再烘烤约10分钟，即可完成。

缤纷的
潘娜多妮

潘娜多妮面包是意大利传统圣诞面包，每一年圣诞节前后，街上的面包店就会出现缤纷纸模装着的潘娜多妮面包，像是宣布即将到来的庆典。

一开始这种面包出现在现今的时尚重镇米兰，是家家户户到了圣诞节就会自制的面包种类，亲友间彼此互赠。后来面包店也开始大量生产。

潘娜多妮的特色，就是采用低温慢慢发酵，最传统经典的步骤，发酵需长达3～4天，而且出炉后还需要倒扣冷却，以维持面包的形状。此外，传统意大利的潘娜多妮面包使用特殊菌种发酵，可以使面包保存较长的时间。

圣诞面包——
史多伦
面包

赏味面包
清甜的雪景

基础面团材料	配料
NIPPN 高筋面粉 550g	君度康图橙酒 65ml
细砂糖 50g	蜜渍果干 150g
蛋黄 120g	蔓越莓干 75g
Isigny 无盐奶油 200g	50% 杏仁膏 100g
水 150g	
燕子牌即发酵母 5g	

发酵箱温 / 湿度	28℃ / 75%	中间发酵	无须中发
搅拌后温度	26℃	最后发酵	20 分钟
基本发酵	60 分钟	烘焙温度	上火 180℃
翻面	无须翻面		下火 190℃
分割重量	120g	烘焙时间	18 ~ 23 分钟

开始

1 将面团材料放入钢盆中，搅打至能拉出薄膜，静置 60 分钟，进行第一次发酵。

4 拉起面团上方 1/3 的宽度，由上往下折入。

2 取出发酵好的面团，稍微压平后，在面团正面撒上用君度康图橙酒泡过的蜜渍果干和蔓越莓干馅料。

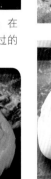

3 用手掌稍微将馅料压粘在面团上。

5 拉起面团下方 1/3 的宽度，由下往上折入。

6 分割成每一个重量为 120g 小面团。

10 在面团上方 1/3 处,放上杏仁膏。

顶端厚

7 将面团略为压平后,用擀面杖压住面团,向上推开,保留最顶端不要推平,留一点厚度。

11 以双手指尖,由上而下将面团卷起。

底端薄

8 再将擀面杖向下推到最底端。

12 卷到中间 1/2 处,用食指将馅料压平。

9 将面团翻面。

13 将面团最下方拉起。

14 盖住上方已卷起的面团。

16 将烤好的面包取出，用网筛在面团表面撒上糖粉。

15 以双手食指按压面团接口处。将面团送入烤箱烘烤。

17 完成品。

为什么潘娜多妮没发酵成功?

酒渍果干放太多,容易影响面团发酵

已经完成第一次发酵的面团,放入酒渍果干后,因为重量增加,会挤压到面团已经膨胀好的空气,在进行最后发酵时,这些酒渍果干的重量也会影响到面团发酵的程度。如果酒渍果干放太多,重量太重,就可能使得面团最后发酵不顺利,且过多的酒精会杀死酵母菌,使面包不容易膨胀。

虽然圣诞面包讲究缤纷色彩,但是这种具有重量的馅料却不宜放太多,应该遵照配方指示加入固定分量即可。

发酵失败 **NG**

酒渍果干放太多,容易使面包发酵不起来。

发酵成功 **OK**

酒渍果干放适量,面包才发酵得起来。

为什么潘娜多妮烘烤时不易上色?

因为果干放太多

烤面包时,热空气会进入发酵好的面团里,均匀地分布在面团里面。圣诞面包因为在面团里加入了果干,热空气会分散在果干里,若是果干放得太多,就有可能使面包烤不上色。

因此,若要想面包能烤上色,就要适量地在面团里放入果干,不要加入过多果干。

除此之外,圣诞面包主要重点在呈现其缤纷色彩,只要面包烤熟,即使表面颜色不够深,也是可以接受的。

面包烤不上色 **NG**

面包成功烤上色 **OK**

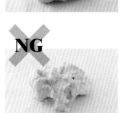

为什么潘娜多妮面团无法成团?

因含油量过高且果干过多

　　一般人在制作潘娜多妮面包的过程中,常会发生面团无法成团的问题,这是因为潘娜多妮面包的配方里奶油的比例较高,而且面团里又加入了大量的果干,面粉比例相对较低,不容易使面团成团。

　　其实没有成团也不需要太担心,只要再加入一点高筋面粉,再度聚合面团,即可让面团成团。特别需要注意的是撒上的高筋面粉也不宜太多,潘娜多妮面包的面团也不需要太硬,因为它是放在纸模里烘烤的,无须担心烘烤过程中形状塌陷的问题。

解决方法 开始

在无法成团的面团表面,撒上高筋面粉。

重新揉和面团。

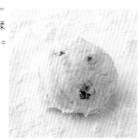

这样就能将软散的面团整成球状。

Chapter 4
完美面包制作配方
这样做不会错!

为什么圣诞面包需加大酒渍果干的量?

因迎合圣诞节庆典的缤纷气氛

　　圣诞面包是迎合圣诞节庆气氛而设计的面包,设计概念是以缤纷的颜色来烘托出节庆的气氛,而缤纷的酒渍果干就成为圣诞面包的主要特色。

　　果干需要浸泡后才能使用,也可以用水浸泡,但用水浸泡的果干较容易失去风味,所以建议用酒浸泡,至于使用哪一款酒浸泡,就依照每一位烘焙师的配方而有所不同,也能依照自己喜欢的口味来挑选。

　　除了果干之外,也可以烤好面包后,再撒上珍珠糖、色彩缤纷的翻糖、巧克力等,营造出欢乐的节庆感。

圣诞面包面团里没有加果干,看起来单调,没有节庆的气氛。

圣诞面包面团里添加了果干,看起来有色彩缤纷的节庆气氛。

意大利
拖鞋面包

越嚼越香的意大利
风味面包

材料		参考数据				
法国T-65高筋面粉	........500g	发酵箱温/湿度	28℃ / 75%	中间发酵	无须中发	
细砂糖	..............10g	搅拌后温度	26℃	最后发酵	20分钟	
纽西兰海盐	..............10g	基本发酵	60分钟	烘焙温度	上火180℃	
燕子牌即发酵母	..........8g	翻 面	无须翻面		下火170℃	
橄榄油	..............25g	分割重量	平均切开	烘焙时间	22～26分钟	
水	..............300g					

1 将面团材料放入钢盆中，搅打至能拉出薄膜。

2 取出面团，静置 60 分钟，进行基础发酵。

3 将发酵好的面团取出，拍出里面较大的空气。

4 将面团稍微压平，用刀子将面团边缘不平整部分修掉。

5 取下被修掉的面团。

6 量出 5cm 宽度，开始切割面团。

7 以 5cm 的宽度，切下每一个面团，直到剩下不足 5cm 宽度的面团，取走不使用。

8 将步骤 7 分割好的面团，继续以 10cm 的高度分割。

9 面团分割完成。静待最后发酵 20 分钟，即可放入烤箱烘烤。

变化款

意式洋葱
拖鞋面包

充满嚼劲的麦香味
中夹带洋葱清甜的
面包香

材料	基础面团材料	配料	参考数据					

基础面团材料		配料	
法国 T-65 高筋面粉 .. 500g		干燥洋葱 5g	
细砂糖 10g			
纽西兰海盐 10g			
燕子牌即发酵母 8g			
橄榄油 25g			
水 300g			

发酵箱温/湿度	28℃ / 75%	中间发酵	无须中发
搅拌后温度	26℃	最后发酵	20 分钟
基本发酵	60 分钟	烘焙温度	上火 180℃
翻 面	无须翻面		下火 170℃
分割重量	平均切开	烘焙时间	22 ~ 26 分钟

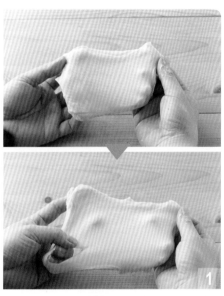

❶ 将基础面团材料放入钢盆中，搅拌至能拉出薄膜。

❷ 取出面团，静置 60 分钟，进行基础发酵。

❸ 将发酵好的面团取出，拍出里面较大的空气。

❹ 将面团稍微压平，均匀地撒上干燥洋葱。

❺ 将洋葱在面团上铺平，使其均匀地分布在面团上，再充分混合面团。

❻ 将面团稍微压平，用刀子将面团边缘不平整的部分修掉。取下被修掉的面团。

❼ 量出 5cm 宽度，开始切割面团。

❽ 以 5cm 的宽度，切下每一个面团，直到剩下不足 5cm 宽度的面团，取走不使用。

❾ 将步骤 8 分割好的面团，继续以 10cm 的高度分割。

❿ 面团分割完成后，等待最后发酵 20 分钟完成，即可放入烤箱烘烤。

Chapter 4

完美面包制作配方

这样做不会错！

罗勒拖鞋
面包

以浓郁的罗勒香气
烘托拖鞋面包香甜
的口感

基础面团材料		配料	
法国 T-65 高筋面粉 500g		干罗勒粉 5g	
细砂糖 10g			
纽西兰海盐 10g			
燕子牌即发酵母 8g			
橄榄油 25g			
水 300g			

参考数据				
发酵箱温 / 湿度	28℃ / 75%		中间发酵	无须中发
搅拌后温度	26℃		最后发酵	20 分钟
基本发酵	60 分钟		烘焙温度	上火 180℃
翻面	无须翻面			下火 170℃
分割重量	平均切开		烘焙时间	22 ~ 26 分钟

❶ 将面团材料放入钢盆中，搅拌至能拉出薄膜。

❷ 取出面团，静置 60 分钟，进行基础发酵。

❸ 将发酵好的面团取出，拍出里面较多的空气。

❹ 将面团略微压平。

❺ 取干罗勒粉，均匀地撒在面团正中间。

❻ 将干罗勒粉用手铺平，使其均匀地分布在面团上，再充分混合面团。

❼ 将面团稍微压平，用刀子将面团边缘不平整的部分修掉，取下被修掉的面团。

❽ 量出 5cm 宽度，开始切割面团。

❾ 以 5cm 的宽度，切下每一个面团，直到剩下不足 5cm 宽度的面团，取走不使用。

❿ 将分割好的面团，继续以 10cm 的高度分割。

⓫ 面团分割完成，静待最后发酵 20 分钟完成，即可放入烤箱烘烤。

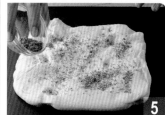

番茄黑橄榄佛卡夏

地中海风味的
酸、香、咸、甜面包

基础面团材料		配料	
法国 T-65 高筋面粉 .. 500g		油渍番茄干 85g	
纽西兰海盐 10g		切片黑橄榄 30g	
燕子牌即发酵母 7g		橄榄油 .... 适量	
水 300g			

发酵箱温/湿度	28℃ / 75%	中间发酵	无须中发
搅拌后温度	26℃	最后发酵	20 分钟
基本发酵	60 分钟	烘焙温度	上火 180℃
翻　　面	无须翻面		下火 170℃
分割重量	250g	烘焙时间	25 ~ 30 分钟

❶ 准备好油渍番茄干。

❷ 将面团材料放入钢盆中搅拌均匀之后，加入油渍番茄干，继续搅拌面团，直到面团能拉出薄膜。

❸ 将步骤 2 的面团静置 60 分钟，进行基础发酵。

❹ 在桌面撒上高筋面粉，取出面团。

❺ 用刮板将面团从外围向内切割。

❻ 把面团切割出来。

❼ 将面团放在秤上称出需要的重量，依据标准重量增减面团的重量。

❽ 将步骤 7 的面团略微压平，双手将面团从下方拉起。

❾ 将面团向上翻。

❿ 将向上翻的面团向下包裹，并成形成圆柱形。

⓫ 将步骤 10 的面团拉长。

⓬ 将擀面杖压住面团中央，先向上滚动，再向下滚动，擀平面团。

⓭ 将擀好的面团静置，等待最后发酵 20 分钟完成。

⓮ 在面团上刷上橄榄油。

⓯ 以滚轮刀轻轻地在面团上、由上而下地划出直线。

⓰ 将滚轮刀由中间往右下方划出斜线，尾端必须切开。

⓱ 划出第二条斜线。

⓲ 另一边也以同样的方式划出 3 条斜线。

⓳ 划好线的面团形状如叶子的脉络。

⓴ 在每一个划开的面团表面，放一个黑橄榄，用手稍微按压贴住面团。成形完成，即可送入烤箱烘烤。

  为什么佛卡夏烤不上颜色？

因为配方中含糖量较少

佛卡夏面包所呈现的是橄榄的咸香风味，属于咸味面包，因此一般佛卡夏面团配方中所加入的糖很少，有些配方还不加糖。佛卡夏面包没有烤上色，主要还是配方里砂糖的分量拿捏不够好。

由于含糖量少，佛卡夏面团需要更长时间发酵，而在这个过程中也更能充分释放出面团里的各种风味。

有些人习惯做出来的面包一定要烤上色，那么基本的方法就是增加面团里的糖含量，但增加要适度，以免做出来的佛卡夏面包失去了应有的咸香风味。

烘烤失败 **NG**　　烘烤成功 **OK**

烤成功的佛卡夏面包，表皮呈金黄色，面包上的橄榄紧贴在面包上，不易掉落。制作失败的佛卡夏面包，烤不上色，而且橄榄没有紧贴在面包上，也容易散落。

Q2 A 为什么佛卡夏面团无法发酵变大？

**发酵失败
烤后较小 NG**

**发酵成功
烤后适中 OK**

下面的拖鞋面包比较大，膨胀得比较好。上面的拖鞋面包比较小，膨胀得不够，吃起来也没有口感。

作为一款基础款面包，无须太过发酵且酵母用量极少

佛卡夏面包烤出来不会膨胀得很大，是因为佛卡夏面包一般都是搭配餐点食用，而不是作为主食食用，是一小口一小口吃其特殊风味，而不是吃其蓬松的口感，所以我们在配方上不会加太多酵母。此外，加入较少酵母的佛卡夏面团，需要较长时间发酵，以此来释放出其独特的风味，也是佛卡夏面包好吃的重点之一。

面团发酵不足 NG

面团发酵不足，看起来扁平。

Chapter
4
完美面包制作配方

这样做不会错！

Q3 A 为什么烤出来的拖鞋面包口感不佳？

因为面团过度搅拌造成断筋

拖鞋面包的基础面团必须适度搅拌，直到搅拌至能拉出薄膜，但是如果过度搅拌，可能造成面筋断裂，影响发酵成果，而使得烘烤出来的拖鞋面包没有口感。

因此在搅拌过程中，必须用心观察面团搅拌的情况，如果面团已经搅打至表面光滑，就可以试着取一小块面团拉开看看是否搅拌完成？如果还不能拉出薄膜，就继续搅拌面团；如果已经能拉出薄膜，就表示搅拌完成，可以取出静置，进行第一次发酵。

面团太厚 NG

面团拉开太厚，表示面团搅拌不够。

拉开断裂 NG

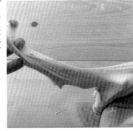

面团拉开断裂，代表面团搅拌过度而断筋。

呈薄膜状 OK

面团拉出薄膜，表示面团搅拌足够。

145

罗宋
面包

充满奶蛋香又具有
嚼劲的餐点面包

材料			参考数据	发酵箱温/湿度	28℃ / 75%	中间发酵	30分钟

材料

NIPPN 高筋面粉 ..... 350g　全蛋 .... 1 颗
NIPPN 低筋面粉 ..... 150g　三花奶水 115g
燕子牌即发酵母 .... 5g　牛奶 100g
纽西兰海盐 .... 8g　Isigny 无盐奶油 80g

参考数据

发酵箱温/湿度	28℃ / 75%	中间发酵	30分钟
搅拌后温度	26℃	最后发酵	20分钟
基本发酵	60分钟	烘焙温度	上火 190℃
翻　面	无须翻面		下火 180℃
分割重量	110g	烘焙时间	18 ~ 23分钟

成团

开始

60 min

1 将面团材料放入钢盆里，搅拌至能拉出薄膜后取出，静置 60 分钟等待第一次发酵完成。

4 将面团成形成锥子状。

2 将步骤 1 的面团切割、滚圆，静置等待第二次发酵完成。取面团，单手掌从面团 1/3 处下压，慢慢滚动。

5 取擀面杖压住面团较圆的一头，向上将面团擀平。

3 用双手手掌慢慢将面团搓长，尾端搓尖。

6 再将擀面杖向下滚动，将面团擀平。

7 直到将面团最尾端擀平。

8 将面团翻面。

9 以双手食指，将面团从较宽的一头慢慢卷起。

10 一手拉住面团尾端，一手压住面团顶端，继续将面团向下滚动。

11 将面团滚到最底端，将底端与卷起的面团压紧。

12 成形完成的面团。

13 将面团静置最后发酵 20 分钟。

14 用刀将面团从卷起的垂直方向切下切口。

15 在切口处挤上奶油，即可送入烤箱烘烤。

罗宋面包的
命名由来

　　"罗宋"这两个字其实是以前上海人称俄国的发音——Russian，和所谓的"罗宋汤"是同一时期引进上海的。罗宋面包的特色是形状独特、口感扎实，而且具有浓郁的奶油香气。烤好的罗宋面包表面会有焦糖的香味，非常好吃。

　　制作罗宋面包的重点是将成形好的面团中央划开之后，挤上满满的奶油，随着烤箱的热度，让奶油慢慢融入整个面包里面，一旦出炉，香气四溢，是罗宋面包长久以来广受喜爱的原因。

材料		参考数据			
基础面团材料		发酵箱温/湿度	28℃ / 75%	中间发酵	30分钟
NIPPN 高筋面粉 350g	牛奶.................100g	搅拌后温度	26℃	最后发酵	20分钟
NIPPN 低筋面粉 150g	Isigny 无盐奶油 ...80g	基本发酵	60分钟	烘焙温度	上火190℃
燕子牌即发酵母 5g		翻 面	无须翻面		下火180℃
纽西兰海盐............ 8g	**配料**	分割重量	120g	烘焙时间	18 ~ 23分钟
全蛋 ....1 颗	干燥香蒜 10g				
三花奶水 115g					

❶ 将面团材料放入钢盆里，搅拌至能拉出薄膜后取出。

❷ 将步骤 1 的面团略微压平，上面撒上干燥香蒜。

❸ 用刮板将面团切割。

❹ 再将切割好的面团重新聚合。重复步骤 3 和步骤 4 的动作，直到面团与干燥香蒜能完全均匀揉和。

❺ 将步骤 4 的面团静置 60 分钟，等待第一次发酵完成。

❻ 将面团切割、滚圆，静置等待第二次发酵完成。

❼ 取步骤 6 的面团，单手手掌从面团 1/3 处下压，慢慢滚动。

❽ 以双手手掌慢慢地将面团搓长，尾端搓尖。将面团成形成锥子状。

❾ 取擀面杖压住面团较圆的一头，向上将面团擀平。

❿ 再将擀面杖向下滚动，直到将面团最尾端擀平。

⓫ 将面团翻面。

⓬ 以双手食指将面团从较宽的一头慢慢卷起。

⓭ 一手拉住面团尾端， 手压住面团顶端，继续将面团向下卷动。

⓮ 将面团静置等待最后发酵 20 分钟。

⓯ 用刀将面团从卷起的垂直方向切下切口。

⓰ 在切口处挤上奶油，即可送入烤箱烘烤。

南瓜罗宋
面包

具有南瓜清甜鲜香
的奶香面包

材料	基础面团材料		参考数据			

基础面团材料	
NIPPN 高筋面粉 ...350g	牛奶.................220g
NIPPN 低筋面粉 ...150g	Isigny 无盐奶油 80g
燕子牌即发酵母 5g	
纽西兰海盐 8g	配料
全蛋..................1 颗	熟南瓜泥 30g

参考数据			
发酵箱温/湿度	28℃ / 75%	中间发酵	30 分钟
搅拌后温度	26℃	最后发酵	20 分钟
基本发酵	60 分钟	烘焙温度	上火 190℃
翻　面	无须翻面		下火 180℃
分割重量	120g	烘焙时间	18 ~ 23 分钟

❶ 将面团材料放入钢盆里，搅拌至能拉出薄膜后取出。

❷ 将面团略微压扁，在上面铺上蒸熟的南瓜泥。

❸ 用刮板将面团切割。

❹ 再将切割好的面团重新聚合。

❺ 重复步骤 3 和步骤 4 的动作，直到面团与熟南瓜泥能完全均匀揉和。

❻ 将面团静置 60 分钟，等待第一次发酵完成。

❼ 将步骤 6 的面团切割、滚圆，等待第二次发酵完成。

❽ 取步骤 7 的面团，单手掌从面团 1/3 处下压，慢慢地滚动。

❾ 以双手手掌慢慢地将面团搓长，尾端搓尖。将面团成形成锥子状。

❿ 取擀面杖压住面团较圆的一头，向上将面团擀平。

⓫ 再将擀面杖向下滚动，将面团擀平。

⓬ 直到将面团最尾端擀平。将面团翻面。

⓭ 以双手食指，将面团从较宽的一头慢慢地卷起。

⓮ 　手拉住面团尾端，一手压住面团顶端，继续将面团向下卷动。

⓯ 将面团静置等待最后发酵。

⓰ 用刀将面团从卷起的垂直方向切下口。

⓱ 在切口处挤上奶油，即可送入烤箱烘烤。

Q1 A

为什么烤出来的罗宋面包口感硬邦邦？

面团搅拌不够，也有可能是发酵不足

烘烤完成的罗宋面包应该外酥内软，才是成功的。如果做出来的罗宋面包，吃起来口感太硬，那很有可能是因为搅拌过程不够，没有搅拌到面团能拉出薄膜的状态。

另一个原因可能是面团发酵不足，如此送入烤箱烘烤的面团膨胀度就没有那么好，吃起来也没有那么松软。

因此，制作罗宋面包时，将面团搅拌足够以及让面团发酵足够，都是很重要的。

口感太硬的罗宋面包　**NG**

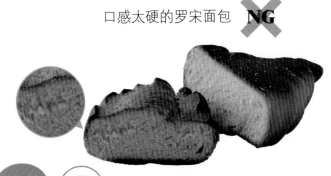

如果面团搅拌不够，制作出来的罗宋面包吃起来就会口感太硬。

Q2 A

为什么罗宋面包容易烤煳？

因为罗宋面包面团体积较大，不能一次烤太多

制作罗宋面包时为了成形需要，在分割面团时，每一个面团分量设定比较重，因此分割出来的每一个面团体积比较大，即使成形后增加表面积，但具有厚度的面团也不容易烤熟。

有些人担忧这么巨大的面包烤不熟，便忍不住增加烘烤温度或时间，结果就不小心将面包烤煳了，导致面包吃起来又硬又没有口感。

其实，即使是体积较大的罗宋面包，只要依照配方的时间和温度去烘烤，都可以顺利烤熟，并不需要刻意延长烘烤时间或增加温度。如果真的很担心，记得不要一次烤太多个，以免烤箱温度过于分散，就有可能烤不熟了。

烤煳　**NG**　　　　　口感、颜色完美　**OK**

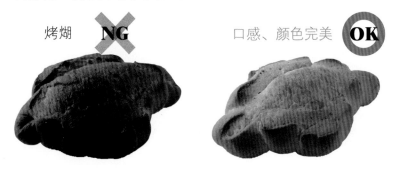

为什么罗宋面包发酵后变很大？
为什么罗宋面包发酵后没有变大？

因为酵母数量和配料的影响

罗宋面包的面团原本切割时分量就比一般面团大，因此发酵后自然也会比其他面包体积大。除此之外，有时酵母添加太多，也会使罗宋面包发酵后变得更大。

我设计的南瓜罗宋面包，是将新鲜的南瓜蒸熟加入面团中，不会影响发酵，但如果使用的是一般的南瓜粉，则有可能抑制发酵结果，造成发酵后的面团还是不太膨胀。

制作罗宋面包这种较大面包时，更要特别注意使用配方设计好的酵母数量和配料数量，不可自行任意增减，以免造成发酵后面团太大或太小的结果。

发酵刚好 **OK**

发酵太大 **NG**

发酵太小 **NG**

如果面团中放的酵母太多，就会造成烘烤后的罗宋面包变得很大。罗宋面包添加了南瓜粉，就会影响发酵，而使烘烤后的罗宋面包变得太小。制作罗宋面包时，只要依照配方配料，就可以烘烤出大小适中的罗宋面包。

要点！ 为何烤好的罗宋面包扁塌？

可能是划线太深，破坏面团结构。

如果烤好的罗宋面包扁塌没形，除了面团湿度过高影响发酵的成果之外，还有一个原因就是成形时划线太深，把面团结构破坏了。成形划线有指定面团膨胀区域的作用，力道和深度都要适中，才能让面团依照设计呈现形状，如果划线划得太深，直接切割面团成两个部分，那么面团烤好之后不但无法膨胀，还会扁塌。

德国乡村
裸麦面包

细嚼出麦香
风味的德式
面包

材料		参考数据			
NIPPN 高筋面粉....400g	纽西兰海盐.......10g	发酵箱温 / 湿度	28℃ / 75%	中间发酵	30 分钟
NIPPN 低筋面粉......50g	橄榄油 30g	搅拌后温度	26℃	最后发酵	20 分钟
德国裸麦粉..........50g	水 295g	基本发酵	60 分钟	烘焙温度	上火 200℃
细砂糖 10g	燕子牌即发酵母...5g	翻 面	无须翻面		下火 210℃
		分割重量	150g	烘焙时间	23 ~ 28 分钟

开始

1 将面团材料放入钢盆中，搅拌至能拉出薄膜。

4 将步骤 3 的面团静置，等待第二次发酵。

2 将面团从钢盆里取出，整成圆形，静置 60 分钟进行第一次发酵。

5 将步骤 4 的面团擀平，用双手指尖压住面团最上方，由上而下将面团卷起。

3 取出步骤 2 的面团，切割、滚圆。

6 将面团一直向下卷到最底端。

Chapter **4** 这样做不会错！完美面包制作配方

7 将步骤 6 卷好的面团，用双手滚成长条状。

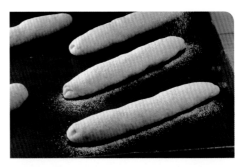

11 在步骤 10 的面团上撒上薄薄的高筋面粉。

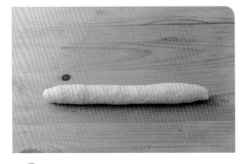

8 面团成形完成。

12 一手握刀，一手轻捏住面团的一端，用刀斜切面团表面，划出切口。

9 将步骤 8 的面团放置室温中，等待最后发酵 20 分钟。

13 用刀在每一个面团上，斜划出 5 个切口。划好后即可送入烤箱烘烤。

10 面团最后发酵完成。

変化款

裸麦芝麻面包

芝麻与麦穗
香气的味觉
交响曲

材料			
基础面团材料			
NIPPN 高筋面粉 ... 400g	水 295g		
NIPPN 低筋面粉 50g	燕子牌即发酵母 5g		
德国裸麦粉 50g			
细砂糖 10g	**配料**		
纽西兰海盐 10g	黑芝麻 10g		
Isigny 无盐奶油 35g	白芝麻 10g		

参考数据

发酵箱温 / 湿度	28℃ / 75%	中间发酵	30分钟
搅拌后温度	26℃	最后发酵	20分钟
基本发酵	60分钟	烘焙温度	上火 190℃
翻　　面	无须翻面		下火 170℃
分割重量	100g	烘焙时间	20 ~ 25分钟

❶ 将面团材料放入钢盆中，搅拌至能拉出薄膜。

❷ 将面团略微压扁，在上面撒上黑芝麻和白芝麻。

❸ 用刮板将面团切割。再将切割好的面团重新聚合。

❹ 重复步骤 3 的动作，直到面团与黑芝麻、白芝麻能完全均匀揉和。

❺ 将步骤 4 的面团静置 60 分钟，等待第一次发酵完成。

❻ 将步骤 5 的面团分割、滚圆。

❼ 面团静置，等待第二次发酵。

❽ 将步骤 7 的面团取出，用擀面杖压住面团一端 1/3 处，擀平。

❾ 再将擀面杖压住面团另一端 1/3 处，擀平。

❿ 最后再将擀面杖压住面团另一端 1/3 处，擀平。

⓫ 翻面，拉起面团擀平的一端。

⓬ 沿着厚薄交接端的线条向上包起。

⓭ 将第二端擀平的部分，以步骤 12 的方式向上包起。

⓮ 将第三端擀平的部分，以步骤 12 的方式向上包起。

⓯ 翻回正面，面团呈三角状。

⓰ 将剩下的面团以同样的方式成形好。

⓱ 将成形好的面团静置 20 分钟，等待最后发酵完成。

⓲ 用刀在面团的 3 个边角分别斜划 3 刀后，即可放入烤箱烘烤。

9

10

11

12

13

14

15

Chapter
4

这样做不会错！
完美面包制作配方

16

20 min

17

Gillette

18

变化款

裸麦莓果
面包

麦香搭配酸甜莓
果的乡村风面包

[基础面团材料]

NIPPN 高筋面粉 ...400g	水 295g
NIPPN 低筋面粉 50g	燕子牌即发酵母 5g
德国裸麦粉...........50g	
细砂糖 10g	[配料]
纽西兰海盐..........10g	葡萄干 75g
Isigny 无盐奶油 35g	蔓越莓干 75g

发酵箱温 / 湿度	28℃ / 75%	中间发酵	30 分钟
搅拌后温度	26℃	最后发酵	20 分钟
基本发酵	60 分钟	烘焙温度	上火 190℃
翻面	无须翻面		下火 170℃
分割重量	80g	烘焙时间	15 ~ 20 分钟

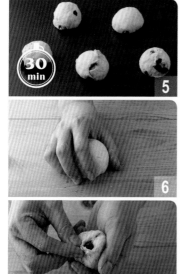

❶ 将基础面团材料放入钢盆中，搅拌至能拉出薄膜，静置，进行第一次发酵。

❷ 将面团略微压扁，在上面撒上葡萄干和蔓越莓干。

❸ 用刮板将面团切割。

❹ 再将切割好的面团重新聚合，直到面团与葡萄干、蔓越莓干能完全均匀揉和。

❺ 将面团切割、滚圆，进行第二次发酵。

❻ 将步骤 5 的面团取出，轻滚成圆球状。

❼ 在步骤 6 的面团上方捏出一个尖端。

❽ 成形好的面团。

❾ 将每一个面团都以步骤 8 的方式做好。

❿ 将成形好的面团静置，等待最后发酵完成。

⓫ 用剪刀将面团剪出一个"十"字形的缺口，即可送入烤箱烘烤。

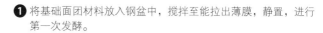

为什么裸麦面包太干，口感不好？

烘烤过度，已经失去水分，要注意烤的时间和温度

欧式面包被认为是比较健康的面包种类，因为它的配方相较于台式或日式面包，减少了很多油和糖，而油和糖的添加往往是面包柔软湿润的主要关键，因为糖可以保湿，而油能够软化面团。

欧式面包因为减少了很多油和糖在其中，因此烘烤的时候要特别注意烘焙温度和时间，如果没有调控好，烤过了头，就会使得面团里少量的水分全部烤干，造成面包吃起来太干而无口感。

NG OK

左边是烤过头的面包，吃起来太干而无口感；右边是烘烤适中的面包，吃起来比较柔软而湿润。

为什么裸麦面包三边都会鼓起来，厚度不均匀？

面团成形没有做好，使裸麦呈不规则鼓起

制作裸麦面包成功的关键在于面团成形，否则烘烤出来的裸麦面包会三边厚度不均匀，也容易影响面包的颜色和熟度。

最重要的是，将滚圆后的面团擀出三边薄片的步骤，这三边薄片的厚度和大小要均匀，而且要够薄，如此由外向内包覆的时候，才能够包得很漂亮，呈现出三边金字塔般的柱状。

三边厚薄度一致 OK

裸麦呈不规则状 NG

裸麦呈三角柱状 OK

成形不好的裸麦面包，烤出来的裸麦面包会变成不规则状，颜色也不均匀。

成形好的裸麦面包，烤出来是漂亮的三角柱状。

Q3 **A**

为什么我做的裸麦面包内部组织太密，没气孔？

成形过程中失误或是酵母使用不够

成功的裸麦面包，外酥内柔软，内部的气孔大小和分布均匀，吃起来既具有嚼劲，也有柔软的口感。如果做出来的裸麦面包吃起来太硬，便是内部组织太密、气孔太少。会造成这种情形的原因有两个：一个是面团里的酵母放得太少，使面团发酵不够而缺乏气孔；另一个就是成形过程不当。

裸麦面包成形时需要擀平、包覆、折叠等，每一个步骤都会挤压到发酵好的面团气孔。因此成形时不能过度用力，否则会破坏面团气孔，造成烘烤出来的裸麦面包内部组织太密，吃起来口感硬。

气孔小，组织密 **NG**

烘烤失败的裸麦面包，气孔小且组织太密，口感硬实。

气孔分布均匀 **OK**

烘烤成功的裸麦面包，气孔分布和大小均匀。

🔆 解决方法 **开始**

将滚圆好的面团重新擀平成形。

轻柔地卷起面团，让面团包覆更多空气进去。

将成形好的面团静置待最后发酵。

底部裂开 **NG**

制作失败的裸麦面包烤好后，底部会裂开。

Q4 **A**

为什么烤好的裸麦面包底部会裂开？

成形时底部没有收口捏好，容易受热后裂开

烘烤好的裸麦面包如果底部会裂开，代表面团成形时不够实，尤其是面团底部收口没有捏好，这样就会使面团在烘烤过程中，底部因为受热而裂开。

想要解决这个问题，就要在成形时，将面团的底部收口捏好，这样就能避免烤好的裸麦面包底部裂开。

平整的底部 **OK**

制作成功的裸麦面包烤好后，底部平整。

英国司康
Scone

外酥内软的英式
下午茶点

开始

1 将面团材料放入钢盆中，搅拌成团。

4 将步骤 3 的面团压平。

2 取出步骤 1 的面团，将面团前后推开。

5 让面团松弛 5 ~ 8 分钟。

3 再将面团前后卷起。

6 双手压住面团上方。

Chapter **4**

这样做不会错！
完美面包制作配方

7 双手向下略微施力，使面团更紧密聚合。

8 将步骤7的面团放入冰箱冷藏半天松弛。

9 将步骤8的面团取出，擀成3～4cm厚的面皮，用刀子切掉四边不平整的部分。

5cm×5cm

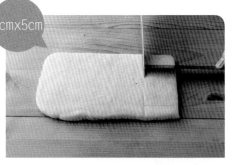

10 将步骤9的面团依5cm宽度切出等宽的长条。

11 将步骤10的面团以5cm×5cm正方形的大小切割好。

5cm
5cm

12 将切割好的面团放入烤箱烘烤。

司康变化无穷，是热门的英式下午茶点心

　　司康（Scone）是英式下午茶常见的点心，大小像一个小孩的拳头那么大，吃起来外酥脆内松软，溢满着浓浓的奶香味，最传统的英式下午茶吃法是把司康切开后，抹上果酱或奶油一起吃。

　　司康也可以做成各种口味，例如加入巧克力、果干、坚果，做成不同风味的司康，也可以加上芝士或洋葱，做成咸味司康。司康不仅步骤简单，而且变化丰富。它是一种快速面包（Quick Bread），不必经过揉面以及长时间等待的发酵过程，只要将所有材料拌在一起、静置，让所有材料充分融合，再放入烤箱里烘烤即可。如果是喜欢自制健康美味早餐的人，推荐这款快速又美味的点心。

葱花芝士培根司康

变化款

青葱香气与芝士培根的绝塔美味

基础面团材料			
NIPPN 高筋面粉 480g	牛奶 240g		
无铝泡打粉 8g	**配料**		
细砂糖 120g	芝士粉 20g		
Isigny 无盐奶油 .. 100g	干燥葱花 5g		
全蛋 ....1 颗	碎培根 ....适量		

烘焙温度	上火 180℃
	下火 180℃
烘焙时间	15 ~ 18分钟

❶ 将面团材料放入钢盆中，搅拌成团。

❷ 在步骤 1 的面团上，撒上芝士粉、碎培根和干燥葱花。

❸ 将配料揉入面团。

❹ 将面团与配料揉捏均匀。

❺ 将步骤 4 的面团整理好成扁平状，放入冰箱冷藏半天松弛。

❻ 将步骤 5 的面团取出，擀成 3 ~ 4cm 厚的面皮，用刀切掉四边不平整的部分。

❼ 将面团依 5cm 宽度切出等宽长条。

❽ 将面团以 5cm×5cm 正方形的大小切割好。

❾ 将切割好的面团放入烤箱烘烤。

蔓越莓司康

酸甜奶香的
酥软小点心

材料	基础面团材料			参考数据		
	NIPPN 高筋面粉 500g	全蛋 .... 1 颗			烘焙温度	上火 180℃
	无铝泡打粉 8g	牛奶 120g				下火 180℃
	细砂糖 120g	酸奶 120g			烘焙时间	15 ~ 18 分钟
	Isigny 无盐奶油 .. 100g	配料				
		蔓越莓干 50g				

❶ 将面团材料放入钢盆中，搅打成团。

❷ 将蔓越莓干均匀地撒在面团上。

❸ 将蔓越莓干揉入面团中。

❹ 将面团和蔓越莓干揉捏均匀。

❺ 将步骤 4 的面团压平，放入冰箱冷藏半天松弛。

❻ 将步骤 5 的面团取出，擀成 3 ~ 4cm 厚的面皮，
用刀切掉四边不平整的部分。

❼ 将面团依 5cm 宽度切出等宽长条。

❽ 将面团以 5cm×5cm 正方形的大小切割好。

❾ 将切割好的面团放入烤箱烘烤。

迷迭香
司康

清新的意式叶香
与奶香融合的美
味甜点

	基础面团材料	全蛋.........................1 颗		烘焙温度	上火 180℃
材料	NIPPN 高筋面粉 500g	牛奶........................120g	参考数据		下火 180℃
	无铝泡打粉............8g	酸奶........................120g		烘焙时间	15 ~ 18分钟
	细砂糖..............120g	配料			
	Isigny 无盐奶油 ..100g	迷迭香.......................3g			

❶ 将面团材料放入钢盆中，搅拌成团。

❷ 将迷迭香均匀地撒在面团中央。

❸ 将迷迭香揉入面团中。

❹ 将面团和迷迭香揉捏均匀。

❺ 拉住步骤 4 的面团底端，向上拉起。

❻ 将面团由下向上折起。

❼ 将步骤 6 的面团压平，放入冰箱冷藏半天松弛。

❽ 将步骤 7 的面团从冰箱取出，擀成 3 ~ 4cm 厚的面皮，用刀切掉四边不平整的部分。

❾ 将步骤 8 的面团以 5cm 宽度切出等宽长条。

❿ 将步骤 9 的面团以 5cm×5cm 正方形的大小切割好。

⓫ 将切割好的面团放入烤箱烘烤。

Q1 A 为什么司康的面团发不起来且烘烤后高度不变？

因为泡打粉添加不够，配方比例要相当

制作好的司康吃起来蓬松，是因为添加了无铝泡打粉，它可以使搅拌完成的面团发起来，里面充满空气，让司康变高，而烘烤出来的司康成品也会膨胀变大。

配方中所设计的无铝泡打粉分量，都与其他材料按照一定的配方比来设计，不能任意增减，若是放入太少的泡打粉，就会使烘烤好的司康面团发不起来。

发不起来的司康 　　　　烤后不高

制作好的司康不发，是失败的成品。

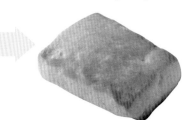
将不发的司康放入烤箱烘烤后，不会膨胀，也烤不高。

Q2 A 为什么做好的司康口感不够松软？

放入冰箱的时间太短或混合材料时过度按压

加入无铝泡打粉的司康面团，需要放入冰箱冷藏半天时间来进行松弛，让泡打粉在面团中进行充分化学反应，如此才能让司康面团充满空气，烤出来的司康才会高，口感才会外酥内松软。

如果做好的司康吃起来不松软，有可能是因为面团放入冰箱松弛的时间太短，没有充分松弛的结果，或是在混合材料时过度按压，会使面粉产生筋性，影响烤后的口感。要特别注意的是，奶油和干粉混合均匀的步骤，千万不要用搓揉的方式，避免出筋。

口感较干 　　　　口感松软

烤好的司康太紧实。

烤成功的司康较高、较蓬松。

Q3 A 为什么司康加入果干后无法长很高？

因为加过多果干会影响司康组织

司康面团之所以能膨胀得高，主要是因为泡打粉在面团中起的化学作用，让面团充满空气，但是加入的果干却会改变面团组织，阻碍面团里的空气膨胀，因此如果司康面团里要加入果干，就要注意果干的分量。

由于加入的果干造成面团组织不完整，若不希望烤出来的司康太扁、不够蓬松，那么加入果干就要适量，别让果干的重量压力致使司康无法膨胀。

加入太多果干

面团中加入太多果干。

烤后长不高 **NG**

烤好的司康长不高，而且上色不好。

适量加入果干

面团中加入适量果干。

烤后较高 **OK**

烤好的司康长得比较高，而且容易上色。

Q4 A 如何让烘烤后的司康完美上色？

未上色的司康 **NG**

没有刷上蛋黄液的司康，烤出来的颜色比较淡。

可以在烘烤前刷上蛋黄液来改善

依照配方烤出来的司康呈现淡淡的金黄色，具有清爽的奶香味，但有些人喜欢将司康烤得颜色更深，看起来更漂亮。

如果要让烤出来的司康表面变成漂亮的金黄色，可以在司康表面先刷上一层蛋黄液，再放入烤箱烘烤，如此烤出来的司康就更容易上色。

辫子
面包

奶香浓郁又
具有厚实口
感的面包

材料	牛奶...................285g	**参考数据**	发酵箱温 / 湿度	28℃ / 75%
	燕子牌即发酵母.....8g		中间发酵	30 分钟
[基础面团材料]	Isigny 无盐奶油....50g		搅拌后温度	26℃
NIPPN 高筋面粉 ...450g			最后发酵	20 分钟
NIPPN 低筋面粉 50g			基本发酵	60 分钟
细砂糖 80g			烘焙温度	上火 180℃
纽西兰海盐...........5g				下火 190℃
			翻 面	无须翻面
			分割重量	100g
			烘焙时间	15 ~ 18 分钟

开始

1 将面团材料放入钢盆中搅拌至能拉出薄膜后，静置 60 分钟等待第一次发酵完成。

4 将 3 条面团从中间开始往下编，将最右边的一股面团拉上来，往中间叠上。

2 将步骤 1 的面团分割成 100g 的小面团、滚圆，进行第二次发酵。

5 将最左边的一股面团拉上来，往中间叠上。

3 将步骤 2 的每一个面团搓成长条。取 3 个长条面团以上图方式排放好。

6 将最右边的一股面团拉上来，往中间叠上。

7 将最左边的一股面团拉上来，往中间叠上。

11 将最左边的一股面团拉上来，往中间叠上。

8 将最右边的一股面团拉上来，往中间叠上。

12 将最右边的一股面团拉上来，往中间叠上。

收尾
3 点黏在
一起

9 将步骤 8 的面团尾端捏紧。

13 将最左边的一股面团拉上来，往中间叠上。

翻面

10 将面团上下翻转，将最右边的一股面团拉上来，往中间叠上。

14 将最右边的一股面团拉上来，往中间叠上。

15 将步骤 14 的面团尾端捏紧。

17 让步骤 16 的面团等待最后发酵完成。

16 将步骤 15 的面团前后两端整理好。

18 在面团上刷上全蛋液，即可放入烤箱烘烤。

辫子面包
味道自然香甜

　　辫子面包是风味纯粹的面包，主要吃其面粉香气，犹太人在安息日时会吃这种面包，所以它也被称为安息日面包。而在法国，辫子面包是人们普遍食用的面包种类，到了瑞士，人们周末时也会吃辫子面包，称为 Sunday Bread。可见，辫子面包在全世界很受欢迎。

　　辫子面包之所以受人们喜爱，主要是因为在口中嚼着会有淡淡的奶香气，带着面粉的麦香味道，自然的甜香，适合在安静的早晨食用，或是到户外野餐时，搭配其他食物与亲友一同分享。

克宁姆
辫子面包

香甜滑润的包馅
辫子面包

材料

基础面团材料

NIPPN 高筋面粉 ...450g	Isigny 无盐奶油 50g
NIPPN 低筋面粉 50g	蛋液 .... 适量
细砂糖 80g	**配料**
纽西兰海盐 5g	克宁姆馅 .... 适量
牛奶 285g	**装饰**
燕子牌即发酵母 8g	糖粉 .... 适量

参考数据

发酵箱温 / 湿度	28℃ / 75%	中间发酵	30 分钟
搅拌后温度	26℃	最后发酵	20 分钟
基本发酵	60 分钟	烘焙温度	上火 180℃
翻 面	无须翻面		下火 190℃
分割重量	100g	烘焙时间	15 ~ 18 分钟

从原味辫子面包的步骤⓱开始

❶ 在面团表面上刷上蛋液。

❷ 在步骤 1 的面团上,挤上克宁姆馅。

❸ 顺着辫子延伸的方向挤上两条克宁姆馅。挤好之后,即可放入烤箱烘烤。

❹ 在烤好的克宁姆辫子面包上,用网筛撒上糖粉。

Chapter
4

这样做不会错!
完美面包制作配方

变化款

葱花辫子
面包

辛香甜美的葱花
面包

基础面团材料		参考数据			
NIPPN 高筋面粉 ... 450g	Isigny 无盐奶油 50g	发酵箱温/湿度	28℃/75%	中间发酵	30 分钟
NIPPN 低筋面粉 50g	蛋液 .... 适量	搅拌后温度	26℃	最后发酵	20 分钟
细砂糖 80g		基本发酵	60 分钟	烘焙温度	上火 180℃
纽西兰海盐 5g	馅料	翻　面	无须翻面		下火 190℃
牛奶 285g	干燥葱花 5g	分割重量	100g	烘焙时间	15 ~ 18 分钟
燕子牌即发酵母 8g					

从原味辫子面包的步骤⓱开始

❶ 在面团上刷上蛋液。

❷ 在步骤 1 的面团上撒上干燥葱花。

❸ 将面团放入烤箱烘烤。

╲ 要点 ╱

制作面包使用的葱花以干燥葱花为主

一般我们制作面包所使用的葱花以干燥葱花为主，当然也有人使用新鲜葱花，但是新鲜葱花放入烤箱后更容易烤焦，而且新鲜葱花里面的水分容易影响面包配方制作出来的成果。

为什么面团成形到一半辫子就断了？

面团的筋性不够，容易导致断裂

辫子面包成形需要技巧，而且由于面团必须反复交叠，因此面团必须要非常有弹性，否则经过一次又一次地拉扯之后，很容易断裂。

面团要有弹性，就要特别注重面团搅拌的过程，必须将基础面团完全搅拌均匀，并且能拉出薄膜，如此面团弹性才会足够，但又要避免搅拌过度容易造成断筋。

若面团本身已经搅拌足够，但成形时还出现断裂的问题，可以将面团重新滚圆塑成长条形，重新编整辫子。

辫子面团断裂 NG

辫子面团成形到一半，发生断裂。

OK

辫子面团成形过程顺利。

解决方法 开始

将面团重新揉和，分成3等份，分别滚圆。

将3个圆球面团分别搓成长条状。

将3个长条面团依图示位置摆放，开始成形辫子。

为什么面包烤好了，可是辫子变形了？

没有成形或是发酵过度导致变形

尾端裂开 NG

烤好的辫子面包变形，而且尾端散开。

辫子面包的形状相较于多数面包复杂，在面团互相交叠的情形下，很容易因为辫子与辫子中间的孔隙抓不好，烘烤时互相挤压，导致烤出来的面包变形。因此，在成形的过程中，每一个步骤都要仔细且成形完成后，也要将整个面团理顺一下。

此外，也要注意面团发酵的问题。由于辫子面包成形过程较复杂，有可能花费较多时间，而与此同时，面团依然在进行发酵，若是成形的速度不够快，很可能送入烤箱时已经过度发酵，那么烤好的面包就可能变形。

要预防辫子面包的辫子变形，就需要特别注意面团的成形。

为什么烤好的克宁姆馅料都溢在烤盘上了?

要注意馅料品质与挤馅的手法

面团成形后将克宁姆挤在辫子表面上,因此,若是成形辫子时收口没有捏紧,克宁姆就很容易顺着缺口流到烤盘上,使得烘烤辫子面包失败。

此外,克宁姆馅的质地必须稍微偏硬,才能烤好后覆盖在辫子面包表面上,而不是流到烤盘上。将克宁姆挤在辫子面包表面时也要注意,不能挤太多,以免克宁姆溢出流到烤盘。

馅料太稀 NG

克宁姆馅太稀、太软,挤压在面团表面上,还是会流到烤盘上。

烤后底部黏在烤盘 NG

如此烤好后的克宁姆辫子面包,底部都是烤干的克宁姆,黏住底盘,会导致面包变形。

挤太多在表面 NG

在面团上挤太多克宁姆。

烤后变形 NG

烤好后,克宁姆会流到烤盘上且面包也会变形。

为什么烤完后葱花都焦黑了?

烤后葱花焦黑 NG

烤好的面包,表面的葱花都变得焦黑了。

面包上的葱花烤焦是正常现象,但是可以改善。

面团表面撒上的干燥葱花,最接近烤箱上火,受热最强,而且干燥葱花里没有水分缓冲,加热烘烤一定会焦黑,所以烤完面包之后葱花变得焦黑,是正常现象。

如果不想要烤好的葱花面包那么焦黑,那就在面团烘烤到所设定时间的2/3时取出烤盘,迅速在面包上覆盖一层烤盘纸,挡住上部烘烤。

💡 **解决方法**

在烘烤时间到达设定时间的2/3时,将烤盘纸覆盖在面包上方,挡住上部烘烤,就可以防止葱花烤得焦黑。

毛毛虫
面包

带有天然奶香
的蜂蜜面包

基础面团材料	牛奶......................50g	参考数据	发酵箱温/湿度	28℃ / 75%	中间发酵	30 分钟
NIPPN 高筋面粉...500g	水........................285g		搅拌后温度	26℃	最后发酵	15 ~ 20 分钟
细砂糖................60g	蜂蜜....................15g		基本发酵	60 分钟	烘焙温度	上火 180℃
纽西兰海盐..........6g	蛋液....................适量		翻面	无须翻面		下火 180℃
燕子牌即发酵母.....6g	馅料		分割重量	80g	烘焙时间	12 ~ 15 分钟
Isigny 无盐奶油....40g	克宁姆馅............适量					

开始

1 将基础面团材料放入钢盆中，搅拌至能拉出薄膜，静置 60 分钟等待第一次发酵，完成后进行切割、滚圆，进行中间发酵。

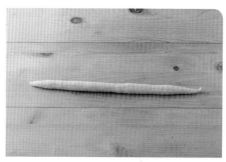

4 搓成两端尖状的长条面团。

2 经中间发酵后，取出搓成长条。

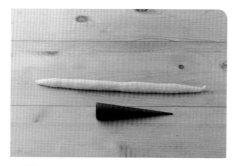

5 取出成形模具。

3 将步骤 2 的长条面团左右两端搓尖。

6 将步骤 5 的面团压在模具钝的一端上，另一端拉起，顺着模具尖的一端卷起。

7 将面团卷到最末端。

10 在发酵完成的面团上刷上蛋液，放入烤箱烘烤。

收尾

8 将步骤7的面团收尾。

11 在烤完的毛毛虫面包中空处挤上克宁姆馅。

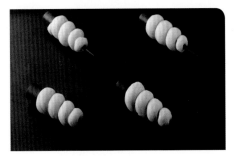

9 将步骤8的面团静置于室温下，等待最后发酵完成。

变化款

抹茶红豆
毛毛虫
面包

Chapter
4

这样做不会错！
完美面包制作配方

日式抹茶红豆
奶香面包

材料

基础面团材料	蜂蜜 15g
NIPPN 高筋面粉 ... 500g	蛋液 .... 适量
细砂糖 60g	配料
纽西兰海盐 6g	抹茶粉 20g
燕子牌即发酵母 6g	蜜红豆粒 50g
Isigny 无盐奶油...40g	馅料
牛奶 50g	抹茶克宁姆........ 适量
水 285g	

参考数据

发酵箱温 / 湿度	28℃ / 75%	中间发酵	30 分钟
搅拌后温度	26℃	最后发酵	20 分钟
基本发酵	60 分钟	烘焙温度	上火 180℃
翻　面	无须翻面		下火 180℃
分割重量	80g	烘焙时间	12 ~ 15 分钟

❶ 将基础面团材料放入钢盆中，搅拌至能拉出薄膜，静置 60 分钟，等待第一次发酵完成。

❷ 将步骤 1 的面团取出铺平，撒上抹茶粉与蜜红豆粒。

❸ 取刮板将步骤 2 的面团切开、聚合，重复相同动作。

❹ 将抹茶粉与蜜红豆粒充分融合在面团当中。

❺ 将步骤 4 的面团切割成数个 80g 的小面团、滚圆，等待中间发酵完成。

❻ 取出步骤 5 的面团搓成长条。

❼ 将步骤 6 的长条面团左右两端搓尖。

❽ 搓成两端尖状的长条面团。

❾ 取出成形模具备用。

❿ 将面团压在模具钝的一端上，另一端拉起，顺着模具尖的一端卷起。

⓫ 将面团卷到最末端。

⓬ 将步骤 11 的面团收尾。

⓭ 将面团静置于室温下，等待最后发酵完成。

⓮ 在发酵完成的面团上刷上蛋液，放入烤箱烘烤。

⓯ 在烤完的毛毛虫面包中空处挤上抹茶克宁姆馅。

收尾

热狗毛毛虫面包

造型可爱又好吃的面包

| 材料 | 基础面团材料 | | 参考数据 | | | | | |

基础面团材料

NIPPN 高筋面粉 ... 400g	牛奶 50g		
NIPPN 低筋面粉 ... 100g	水 285g		
细砂糖 65g	蜂蜜 15g		
纽西兰海盐 6g	蛋液 .... 适量		
燕子牌即发酵母 6g	**配料**		
Isigny 无盐奶油 ... 40g	热狗 .... 适量		

发酵箱温 / 湿度	28℃ / 75%	中间发酵	30 分钟
搅拌后温度	26℃	最后发酵	20 分钟
基本发酵	60 分钟	烘焙温度	上火 180℃
翻面	无须翻面		下火 180℃
分割重量	80g	烘焙时间	12 ~ 15 分钟

❶ 将基础面团材料放入钢盆中，搅拌至能拉出薄膜，静置 60 分钟，等待第一次发酵完成。

❷ 将步骤 1 的面团切割为每个 80g 的小面团、滚圆，待中间发酵后，取出搓成长条形。

❸ 将步骤 2 的长条面团左右两端搓尖。

❹ 搓成两端尖状的长条面团。

❺ 取出准备好的热狗，与面团平行放好。

❻ 将面团的一端压在热狗上，另一端绕着热狗卷起。

❼ 将绕好热狗的面团上下两端收口收好。

❽ 将所有热狗和面团绕好，完成成形。

❾ 将步骤 8 的面团静置等待最后发酵完成。

❿ 在最后发酵完成的面团上刷上蛋液，即可放入烤箱烘烤。

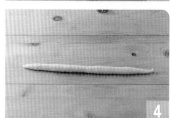
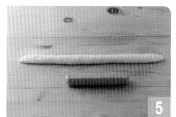

发酵

Q1 **A**

NG

为什么毛毛虫面包烤不上颜色？

需要刷上全蛋液

依据面团配方所烤出来的毛毛虫面包，表面只有淡淡的金黄色，虽然也是制作成功的面包，但是视觉效果没有那么好，所以在成形完成、最后发酵完毕放入烤箱烘烤之前，需要在面团表面刷上全蛋液。

面团表面刷上全蛋液之后，烤好的毛毛虫面包，表面就会呈现漂亮的金黄色。

因为面团放入烤箱之前没有刷上全蛋液，所以烤好的毛毛虫面包不上色。

Q2 **A**

为什么烤好的抹茶红豆毛毛虫面包里面的红豆会掉出来？

放入面团的红豆量太多或是放的位置不均匀

制作抹茶红豆毛毛虫面包，有时会发生烤好的面包馅料掉落的问题，这是因为红豆重量较重，若没有在面团里分布均匀，而过于集中在一处的话，烤好之后就很容易被挤出面包外。

因此，制作抹茶红豆毛毛虫面包时，最重要的是让抹茶粉和蜜红豆粒充分、均匀地包覆在面团里，让发酵好的面团抓住每一颗红豆，如此烤好的抹茶红豆毛毛虫面包，就不会有红豆掉出来的问题了。

蜜红豆粒挤出来 **NG**　　　　**OK**

烤好的抹茶红豆毛毛虫面包，里面的红豆粒掉出来。

烤好的抹茶红豆毛毛虫面包，里面的红豆完整包覆好。

💡**重点步骤** 开始

将红豆放置在面团中央的位置

利用刮板将面团以及红豆切在一起，再聚合，重复这个动作几次。

就能使红豆均匀地分布在面团当中。

Q3 A 为什么做出来的热狗毛毛虫面包都会头尾大小比例差距很大？

避免膨胀不均匀，头尾收口要拉紧拉齐

成形热狗毛毛虫面包时，长条形面团应该从中间向两端滚长，由中间向两端渐渐搓尖，让面团左右对称，这样烤出来的毛毛虫面包，才会头尾宽度都一样。

另一个使头尾宽度均匀的重点是，将面团卷好在热狗上面之后，面团头尾两端要和热狗紧密压紧且左右拉整齐，这样面团进行最后发酵以及烘烤时，才不会因过度挤压而导致成形好的面团变形。

烤完后头大尾小 **NG**

如果面团成形时头尾没有拉整齐，烤出来的热狗毛毛虫面包就会头大尾小。

💡 **解决方法** 头尾搓尖

成形时面团要从中央往两端均匀搓开，尾端搓尖。

Q4 A 为什么面团都无法包覆热狗？

搅拌基础面团不够久或成形不成功

制作热狗毛毛虫面包成功的关键，是面团要能切实包裹住热狗。很多人烤好后的热狗毛毛虫面包，热狗和面包是分开的。

造成这种状况最常见的原因是，一开始将面团搓成长条状时，面团两端没有搓尖搓长，因此面团头尾无法和热狗完全贴附收口，一进烤箱烘烤就分开。

另一种造成这种现象可能的原因，就是一开始面团搅拌不够，没有搅拌到能拉出薄膜，因此发好的面团不够细致，无法紧附住热狗表面。

烤后无法包住热狗 **NG**

烤好后的热狗毛毛虫面包，面包和热狗分开。

💡 **解决方法**

成形时，将面团切实滚长，两端搓长搓尖，使面团头尾两端能紧附住热狗。

本书通过四川一览文化传播广告有限公司代理，经汉湘文化事业
股份有限公司授权出版中文简体字版本。

©2017，简体中文版权归辽宁科学技术出版社所有。
本书由汉湘文化事业股份有限公司授权辽宁科学技术出版社在中
国出版中文简体字版本。著作权合同登记号：第06-2016-168号。

图书在版编目（CIP）数据

成功VS.失败完美面包制作书 / 黄东庆, 徐志宏著. — 沈
阳：辽宁科学技术出版社，2017.7
ISBN 978-7-5591-0233-1

Ⅰ. ①成… Ⅱ. ①黄… ②徐… Ⅲ. ①面包－制作
Ⅳ. ①TS213.21

中国版本图书馆CIP数据核字(2017)第092129号

出版发行：辽宁科学技术出版社
　　　　　（地址：沈阳市和平区十一纬路25号 邮编：110003）
印 刷 者：辽宁一诺广告印务有限公司
经 销 者：各地新华书店
幅面尺寸：170mm×240mm
印　　张：12.25
字　　数：220千字
出版时间：2017年7月第1版
印刷时间：2017年7月第1次印刷
责任编辑：朴海玉
封面设计：魔杰设计
版式设计：袁　舒
责任校对：李淑敏

书　　号：ISBN 978-7-5591-0233-1
定　　价：49.80元
邮购热线：024-23284502
编辑电话：024-23284367